区域碳排放影响因素及碳减排实现路径研究

李雪梅　著

U0200464

中国财经出版传媒集团
中国财政经济出版社

图书在版编目（CIP）数据

区域碳排放影响因素及碳减排实现路径研究／李雪梅著. --北京：中国财政经济出版社，2022.6

ISBN 978-7-5223-1338-2

Ⅰ.①区… Ⅱ.①李… Ⅲ.①二氧化碳-减量-排气-研究-中国 Ⅳ.①X511

中国版本图书馆 CIP 数据核字（2022）第 061329 号

责任编辑：谷兴华　　责任校对：张　凡
封面设计：卜建辰　　责任印制：党　辉

中国财政经济出版社 出版

URL：http://www.cfeph.cn

E-mail：cfeph@cfeph.cn

（版权所有　翻印必究）

社址：北京市海淀区阜成路甲 28 号　邮政编码：100142

营销中心电话：010-88191522

天猫网店：中国财政经济出版社旗舰店

网址：https://zgczjjcbs.tmall.com

北京财经印刷厂印刷　各地新华书店经销

成品尺寸：170mm×240mm　16 开　12 印张　176 000 字

2022 年 6 月第 1 版　2022 年 6 月北京第 1 次印刷

定价：60.00 元

ISBN 978-7-5223-1338-2

（图书出现印装问题，本社负责调换，电话：010-88190548）

本社质量投诉电话：010-88190744

打击盗版举报热线：010-88191661　QQ：2242791300

前　言

21 世纪以来，气候变化问题越来越成为世界各国关注的焦点。科学研究成果表明，控制全球变暖的幅度有助于降低其对农业、人类健康和生物多样性带来的危害。气候行动是一项值得做，也非做不可的投资，联合国政府间气候变化专门委员会（IPCC）于 2013 年公布的第五次评估报告中明确指出，人类活动是导致气候变化发生的主要原因。如果气候变暖以目前的速度持续下去，预计全球气温在 2030—2052 年就会比工业化之前的水平升高 1.5℃。因此，持续减少温室气体排放是限制气候变化的核心途径。

为应对气候变化，减缓温室气体排放量，1992 年巴西里约热内卢通过《联合国气候变化框架公约》。2015 年，巴黎气候变化大会通过《巴黎协定》，各缔约方将以全球气温升高空间控制在 2℃以内为目标，并为升温控制在 1.5℃以内而努力。在人口城镇化和经济结构转型的双重拉动下，我国碳排放影响日趋严峻，目前我国已成为全球二氧化碳（CO_2）排放第一大国，全球“低碳”“减碳”等浪潮及减排压力的影响，促使我国开始了从行业到示范区的各种低碳探索。2020 年 9 月 22 日，我国政府在第七十五届联合国大会上提出：“中国将提高国家自主贡献力度，采取更加有力的政策和措施，二氧化碳排放力争于 2030 年前达到峰值，努力争取 2060 年前实现碳中和。”2021 年，我国《政府工作报告》中指出，扎实做好碳达峰、碳中和各项工作，制订2030年前碳排放达峰行动方案，优化产业结构和能源结构。

低碳发展不是目标而是过程，其本质是不断优化人类的经济社会活动，减少对化石能源的依赖，以尽可能低的碳排放谋取尽可能高的人类福利。本书选取我国首批低碳试点城市之一的天津市作为研究对象，通过对天津市土地利用、能源、工业碳排放的现状和趋势进行分析，确定各行业的主要影响因素和碳减排的调整方向，预测未来天津市碳排放趋势，对充分发挥城市的市场机制作用，依托减排技术更新传统模式，降低碳减排成本，孕育新型低碳产业，优化城市运营与生活方式，调动各利益主体的积极性，为最大限度地扩散碳减排成果、普及碳减排理念等路径实现提供可能。

本书得到天津市人文社科重点研究基地“天津城镇化与新农村建设研究中心”的大力支持和资助。天津城建大学研究生刘倩、郝光菊、张庆、李雅敏、袁萍等在本书研究过程中参与了大量的数据调研和整理工作，研究生刘鹏、何瑛参与了本书的文字校对工作，在此一并致以感谢。

作者

2022年1月

目　录

第 1 章

绪　论

1.1 研究背景

21世纪以来，随着经济与科技的快速进步，人类对生态环境的要求日益提高，气候变化问题越来越成为世界各国关注的焦点。联合国政府间气候变化专门委员会（IPCC）于2013年公布的第五次评估报告中明确指出，人类活动是导致气候变化发生的主要原因[1]。人类活动对气候的影响正在不断增强，而气候变暖带来的灾害也逐步显现。2018年10月，IPCC发布一份“关于全球升温高于工业化前水平1.5℃的影响”的特别报告显示，如果气候变暖以目前的速度持续下去，预计全球气温在2030—2052年就会比工业化之前的水平升高1.5℃。因此，持续减少温室气体排放是限制气候变化的核心途径。

为应对气候变化，减缓温室气体排放量，1992年巴西里约热内卢通过《联合国气候变化框架公约》，成为全球第一个应对因二氧化碳（CO_2）等温室气体排放造成气候变暖的国际条约，该公约依据发达国家和发展中国家碳排放现状设置共同但有区别的责任制[2]。1997年，日本京都制定《京都议定书》，首次以法律形式对二氧化碳等温室气体的排放进行限制。2009年，在丹麦首都哥本哈根召开的哥本哈根世界气候大会，明确了各方减排责任。2015年，巴黎气候变化大会上通过《巴黎协定》，各缔约方将以全球气温升高空间控制在2℃以内为目标，并为升温控制在1.5℃以内努力，各签约国均对未来碳排放做出承诺。2020年9月22日，我国政府在第七十五届联合国大会上提出：“中国将提高国家自主贡献力度，采取更加有力的政策和措施，二氧化碳排放力争于2030年前达到峰值，努力争取2060年前实现碳中和。”2021年，我国《政府工作报告》中指出，扎实做好碳达峰、碳中和各项工作，制订2030年前碳排放达峰行动方案，优化产业结构和能源结构。从《联合国气候变化框架公约》《京都议定书》到

"巴厘岛路线图"、哥本哈根会议、"后《京都议定书》时代"的安排，已有越来越多的国家和组织汇聚在"低碳"的旗帜下[3]，在表达各自利益诉求的同时，客观上也为地球早日走出高碳排放之困而进行着有益的探索。

在人口城镇化和经济结构转型的双重拉动下，我国碳排放影响日趋严峻。自2012年起，我国已成为全球二氧化碳排放第一大国，全球"低碳""减碳"等浪潮及减排压力的影响，使我国开始了从行业到示范区的各种低碳探索。2005年，我国通过了第一部《中华人民共和国可再生能源法》，明确提出应对气候变化的具体目标。2010年，我国选择广东、天津等"五省八市"作为首批低碳试点城市，并于2012年和2016年申报第二批和第三批低碳试点城市名单，2014年我国7个碳排放交易试点已全部启动[4]，2016年启动包括水泥、电力等6个行业在内的全国碳交易市场，我国低碳产业园区、低碳工业园区等也在此基础上陆续建立。近年来，我国制定并发布的《国家应对气候变化规划（2014—2020年）》《国家适应气候变化战略》等重大政策文件，均为低碳工作的顺利进行奠定基础。然而，我国的低碳城市多基于项目层面，缺乏整体系统的科学分析和规划，低碳发展不是目标而是过程，是一个永无止境的过程，其本质是不断优化人类的经济社会活动，减少对化石能源的依赖，以尽可能低的碳排放谋取尽可能高的人类福利。本书选取首批低碳试点城市之一的天津市作为研究对象[5]。2019年7月，在国务院新闻办举行的"坚持以人民为中心推动天津高质量发展"发布会上，中共天津市委副书记、天津市市长张国清介绍，中国特色社会主义进入新时代，天津市经济社会发展展现出前所未有的光明前景，驶入了高质量发展的"快车道"，"一基地三区"的定位就是高质量发展的目标，其发展对于强化京津联动，促进京津冀协同发展、落实京津冀环境保护等方面具有重要作用[6]。近年来，随着天津市工业不断发展，尤其是高耗能行业不断扩大，天津市能源消耗量及碳排放量整体稳步增长，天津市碳减排压力巨大。

减缓气候变化，加快推进碳减排的重要性和紧迫性早已成为共识。从中国既有发达地区走过的碳排放道路看，摸清自身的"碳"家底，走出一条适宜的低碳发展之路至关重要。因此，本书选择天津市进行实证研究，分析天津市碳排放的主要影响因素，确定碳减排的重要调整方向，预测未来天津市碳排放趋势，对天津市碳减排工作有效推进、京津冀生态协同治理等方面具有重要作用。因此，选择以天津市为研究区域，通过对天津市土地利用、能源、工业碳排放的现状和趋势进行分析，确定各行业的主要影响因素和碳减排的调整方向，从而有的放矢地提出各行业的发展思路和对策措施，对天津市优化工业结构、调整能源结构、完善低碳政策体系、建设低碳城市等方面具有重要的意义。

1.2 研究意义

1.2.1 理论意义

目前，国内外碳排放的相关研究日新月异。碳排放理论处在不断发展之中，本书从区域尺度在对研究区域整体碳排放进行研究的基础上，对土地利用变化、能源及工业分行业碳排放进行测算，发现碳排放规律，揭示碳排放的影响因素，使得人们对碳排放的认识更加全面。同时，设计不同情景对碳排放趋势进行预测，不仅丰富了碳排放理论，以较科学的方式对碳排放评价提供理论支持，更为碳减排提供研究思路和理论依据，为碳排放的深入研究提供理论借鉴，为生态环境的改善提供理论支持。

1.2.2 实践意义

近年来，全球变暖导致的极端天气日趋频繁，给社会经济、生态环境带来诸多不利影响，世界各国面临着重大挑战[7]。从国家层面看，中国作为最大的温室气体排放国，毅然选择签署《巴黎协定》，表达出中国与世界人民一同对抗气候恶劣变化的决心和坚定立场。金山银山不如绿水青山，中国秉承创新、协调、绿色、开放、共享的发展理念，生态文明建设一直是发展的重中之重。近期我国已基本走完通过对高排放行业实施“关停并转”等成效显著的减排历程，各行业的发展模式呈现出行业规模化、利用高新技术、走循环经济的特征，行业减排的余量空间已不多，未来的减排之路更为艰巨。2010 年起，我国先后在天津等“五省八市”确定了 42 个低碳试点城市，采取自上而下的方式积极应对全球气候变化，并制定碳减排的相关激励政策。通过科技创新和体制创新，实施优化产业结构、构建低碳能源体系、发展绿色建筑和低碳交通、建立全国碳排放交易市场等，构建人和自然和谐共存的现代化建设新形态。

从省域层面看，我国地域辽阔，各省域之间人口、经济、产业结构、资源禀赋等不尽相同，各区域工业化及城镇化进程差异巨大，致使各省域碳排放差异明显[8]。若能从实践方面将碳排放的发展特征、比较优势等变量纳入碳排放及减排路径中，对碳排放的动态变化规律以及影响因素进行深入分析，将有利于甄别不同行业、不同时期内的碳排放因素差异，降低区域碳排放量，改善生态环境，也为其他区域或城市碳减排潜力与路径研究提供量化和可操作性依据，在促进我国生态文明及可持续发展等方面具有重要的现实意义。

1.3 案例城市选择的背景与意义

1.3.1 选择背景

天津市作为我国四个直辖市之一，2010 年 5 月被选为全国第一批低碳试点城市，同年6月，天津于家堡金融区成为首个亚太经济合作组织（APEC）“低碳示范城镇”[9]，天津市推行低碳城市建设势在必行，其被选取的背景如下：

（1）地理区位及社会经济条件

天津市地处我国华北地区，东临渤海、华北平原东北部、海河流域下游，是国务院批复的环渤海地区经济中心，也是中国北方最大的港口城市，首批沿海开放城市。我国正处于高速的城镇化和工业化的阶段，天津市是全国的特大型工业城市、北方的制造业中心，在一定程度上可以代表北方沿海工业地区的基本情况，从局部上推断我国北部地区的碳排放状况，为研究其他省域的碳排放提供借鉴。

（2）建设低碳城市的必由之路

城市是整合和配置资源的核心，具有市场、资本、技术、人力资源等综合优势，能够为低碳发展提供完善而强大的支撑。城市也是能源消费和碳排放的主要来源，是资源最集中的地方，城市有义务、有能力，也最适合挑起温室气体减排的重任[10]。而现实中，许多城市为追求高速度的经济增长，上马了大量高耗能项目，从而被锁定在高碳排放位置。以工业为特色的天津市作为切入点，综合研究其碳排放的影响因素，可充分发挥城市的市场机制作用，依托减排技术更新传统模式，降低碳减排成本，孕育新型低碳产业，优化城市运营与生活方式，调动各利益主体的积极性，为最大限度地扩散碳减排成果、普及碳减排理念等路径实现提供可能。

（3）具体数据研究的完整与准确程度

数据是分析研究的基础，翔实且完整的数据有利于实证的可操作性，考虑到实际数据查找时会遇到的便利性及完整性问题，因此本书采取非常谨慎的态度。采用的土地利用数据来自于 Landsat TM 影像，采用监督分类、目视解译与实地调研相结合的方法对天津市 2000 年、2010 年与 2019 年土地利用数据完成解译。经济数据及能源数据来源于历年《天津市统计年鉴》和《天津市能源统计年鉴》。

1.3.2 选择意义

天津市凭借自身丰富的资源、强大的调动力及创新能力，在全国范围内率先实现低碳发展，对我国社会、经济和环境可持续发展意义重大。在节能减排指标压力下，探索自身可持续发展出路的驱动和寻求经济增长新亮点的期待中，我国许多城市提出了发展低碳经济和创建低碳城市的口号。研究天津市碳排放，不仅可以增强人们的碳排放认识，在生活中积极进行节能减排，也可以为政府制定政策、实施环境保护战略提供借鉴，为天津市发展低碳城市提供技术支持，同时为其他城市开展低碳经济实践乃至我国生态文明建设做出贡献。

1.4 研究内容与技术路线

1.4.1 研究内容

本书研究内容主要包括以下三个方面：

（1）天津市碳排放时空格局变化特征

在综合归纳国内外区域碳排放格局及其研究成果的基础上，一方面，结合2000年、2010年与2019年不同时期的天津市土地利用数据，对天津市土地利用变化现状及其碳排放特征进行分析；另一方面，借鉴《IPCC 2006年国家温室气体清单指南2019修订版》中关于碳排放的计量方法[11]，对天津市各部门、各能源品种以及工业分行业等的能源消耗进行计算与分析，从而为下文构建合理的碳排放影响因素指标体系奠定基础。

（2）天津市碳排放影响因素分析

土地利用方面，采用主成分分析方法，结合国内外相关文献及天津市自身土地利用现状，引入土地利用、人口变化、社会经济发展、能源利用水平等指标，对天津市土地利用碳排放的影响因素进行全面分析；能源方面，以人口规模、经济发展、行业结构、能源消耗强度、能源消耗结构等因素为切入点，运用对数平均迪氏指数法（LMDI）因素分解模型对天津市 2000—2019 年碳排放影响因素进行分解，从而得到各因素对天津市能源碳排放的影响程度及其变化规律。

（3）天津市碳减排潜力及实现路径研究

通过设定有无耕地保护情景，对不同情景下耕地、建设用地、林地、草地等 7 种土地类型碳排放量进行分别预测，从而提出在未来发展中天津市调整土地利用结构，优化土地利用布局的重要方向。能源碳减排潜力分析基于 LMDI 因素分解模型结果，首先通过岭回归模型消除多重共线性的影响，其次对可拓展的随机性的环境影响评估（STIRPAT）模型进行适当扩展，运用情景分析法预测 6 种组合模式下天津市能源碳排放变化趋势，从而提出在未来发展中天津市碳减排的最佳发展模式，协调区域低碳经济发展，整体实现碳减排。

1.4.2　技术路线

碳排放会导致温室效应，进而影响全人类的生存环境，具有巨大的负外部效应[12]，中国为应对碳排放问题制定了一系列的政策措施。天津市作为全国特大型工业城市，碳排放问题亟待解决。本书研究的技术路线如图 1.1 所示。

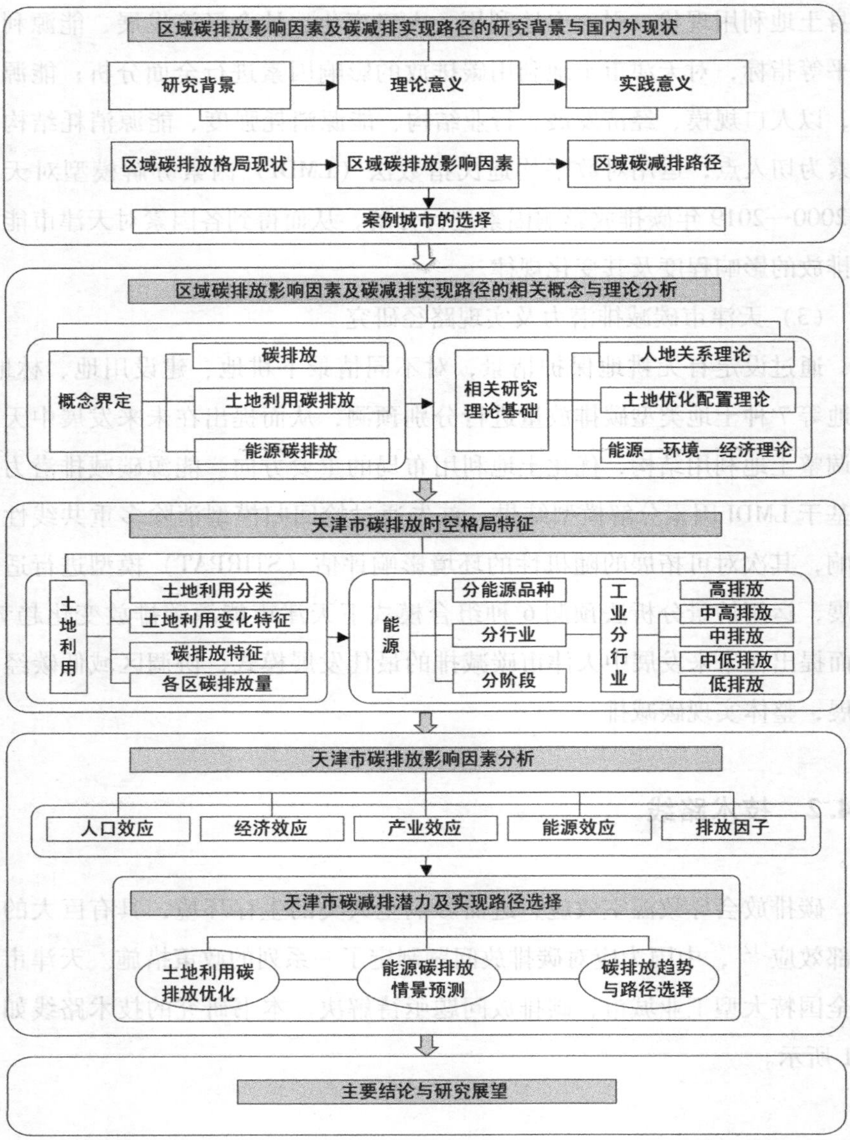

图1.1　本书研究的技术路线

第 2 章

国内外研究进展

随着全球变暖和环境污染的日益严重，近年来碳排放已成为学术界研究的热点问题。国内外掀起了研究碳排放的热潮，涌现出大量有价值的研究成果。全面梳理国内外城市/区域碳排放影响因素及碳减排实现路径研究进展，既为本书提供了重要的参考资料，也是本书研究的起点。

2.1 区域碳排放格局及其现状研究

2.1.1 不同尺度碳排放的时空格局研究

碳排放时空格局动态反映了碳排放在时间与空间尺度的演变。当前，由于缺少完整的区域尺度（例如经济区尺度、省级尺度）以下的碳排放数据，大多数研究专注于某一行政区域尺度或者某一行政区域的碳排放时空格局动态。按照研究区域的尺度从大到小可以分为国家尺度、区域尺度以及城市尺度。

在国家尺度上，Gregg 等认为美国是北美地区碳排放的最主要的国家，其总量远远高于加拿大和墨西哥，北美碳排放时空格局呈现出一个北南和东西的梯度变化模式。Wang 等（2016）[13] 运用空间自相关模型对我国 1995—2011 年的人均碳排放空间格局进行了测度，研究结果表明，虽然我国人均碳排放的空间自相关性呈现出逐年下降的趋势，但是人均碳排放总量却呈现逐年增长的态势。胡艳兴等（2016）[14] 对我国碳排放时空异质性进行了分析，研究发现我国碳排放以四川省为中心向南北方向扩散，低值区主要集中在珠三角地区和西北地区，而碳排放量增长速度呈现出东南沿海和西南地区较快，中部省份较慢的态势。王瑛等（2020）[15] 借助地理信息系统软件（ArcGIS），对 2000 年、2005 年、2010 年和 2015 年全国各省份碳排放量进行分类，确定其空间分异化特征，研究结果表明，在时间上，除 2001—2015 年我国碳排放总量下降 2%，其余年份间均呈总体上升趋势；在空间上，高值碳排放区逐步由东北部沿海省份和环渤海地区延伸至中西部个别省份。区域尺度上，He 等（2011）[16] 构建珠三角地区2003—2007 年生物燃烧碳排放时空变化图，发现珠三角地区生物燃烧碳排放主要发生在冬季且集中在一些欠发达地区。王铮等（2012）[17] 评估了京津冀地区 2009—2050 年的碳排放状况，结果表明，京津冀地区碳排放量呈现出先升后降的 Kuznets 趋势，在自由条件下，北京市和天津市将在 2030 年达到碳排放的高峰期，河北省则在 2039 年达到高峰期。莫惠斌等（2021）[18] 对黄河流域 2000—2017 年碳排放时空格局演变进行分析，得出黄河流域碳排放自 2000 年以来呈现激增现象，高值区集中于陕甘宁蒙交界处和山东省全域，并向外圈层与轴向扩张；低值区集聚黄河流域西南部，形成东高西低碳排放格局。武娜等（2019）[19] 根据驱动力—压力—状态—影响—响应（DPSIR）模型，建立碳排放与经济增长之间的脱钩模型，评价晋陕蒙地区碳排放与经济增长的时空演变规律，研究得出，1997—2016 年，晋陕蒙地区碳排放与经济增长状态经由“弱脱钩”“扩张连接”“扩张负脱钩”直至“弱脱钩”的演变过程。其中，山西省碳排放与经济增长脱钩状态在 2002—2016 年始终低于全国同期水平。城市尺度上，由于缺少详细的碳排放的数据，导致相关研究不是很多，大多数研究专注于单个城市碳排放的时间序列分析，只有少部分研究涉及碳排放空间变化。张艳芳（2013）[20] 基于地理信息系统（GIS）和遥感技术，利用碳排放模型和霍普菲尔德（Hopfield）神经网络聚类分析了西安市土地利用变化与碳排放空间格局特征，发现西安市的土地利用表现出明显的碳源增加和碳汇减少的趋势，其中新城市空间增长区域的碳代价要显著大于老城区。Ma 等[21] 估算了天津市 1995—2007 年的碳排放，结果表明，天津市的碳排放主要来自于煤炭燃烧，年均排放量约为 2637×10^4 吨，年均增长率为 4.48%。陈林等（2019）[22] 对宜宾市 2001—2015 年农业生产碳排放量进行估算，研究表明，宜宾市 15 年间碳排放强度和碳排放量均呈上升趋势。

2.1.2 基于 LUCC 的碳排放

土地利用/覆盖变化（LUCC）是除了化石燃料燃烧之外对大气温室气

体含量增加最大的人为影响因素[23]。国外关于土地利用的碳排放研究起步较早，研究的时间和空间尺度较大，模式多样，数据来源丰富，土地利用的碳排放研究有以下三个重点：一是侧重机理研究，分析碳排放和土地利用方式转变对植被体或生态系统的生理影响[24]，进而对碳排放影响结果进行定量分析[25]；二是侧重实证研究，核算和模拟大时空尺度的陆地生态系统碳蓄积[26]，利用历史文献等开展百年尺度和全球尺度的研究；三是侧重于标准研究，以 IPCC 为代表的国际组织致力于制定土地利用的碳排放核算标准，归纳总结实验和研究成果，为决策提供理论支撑。

我国土地利用/覆盖变化与碳排放研究多为中小尺度区域，研究模式相对单一。研究重点主要围绕以下四个方面：一是土地利用结构与能源消费碳排放关联测度[27]；二是建设用地碳排放区域差异和碳排放强度[28-29]；三是农业生态系统碳排放和低碳农业生产[30]；四是低碳向导的土地利用结构优化[31]。目前土地利用碳排放研究在国内仍为研究热点[32-33]，研究重点为能源消费相关的碳排放[34]与碳排放的空间相关性和异质性。

2.1.3　基于能源消耗的行业碳排放进展

人类活动导致的能源消费量和碳排放量的不断增加被认为是近年来全球变暖的重要原因，受到政府管理人员、公众和研究者的普遍关注。IPCC 倡导和组织的全球政府碳排放量核算与报告工作，极大地促进了宏观碳排放领域的研究，包括全球、大陆和国家尺度的碳排放数量和预测。碳减排计算、碳循环模型知识越来越被人们所理解。此外，各国独立研究机构开展的微观碳源、碳汇调查、工业碳排放和日常人类活动产生的碳排放的结果也越来越丰富。例如，Claudia S 等（2010）使用对数平均指数来分解墨西哥钢铁工业从 1970 年到 2006 年的二氧化碳排放量，结果表明，规模经济对碳排放的影响最大，结构和技术的影响不能抵消规模效应。D'Orazio Paola 等（2021）[35]利用面板分位数回归方法研究金融政策对二十国集团（G20）国家碳排放的影响，研究表明，不管是短期还是长期金融政策存量对碳排放影响均为负。Balsalobre - Lorente Daniel 等（2021）[36]构建 1990—

2017 年欧洲前 5 位国家自然资源开采和年龄依赖对碳排放影响的政策框架，结果表明，碳排放与自然资源开采、全球化指数、经济增长和人口老龄化之间的关系遵循“倒 U 形”关系。2012 年 1 月 11 日，美国环境保护署首次公布了美国大型设施和供应商的排放和相关数据（温室气体排放），数据表明，钢铁行业在美国的温室气体排放比例很小；从6 260个设施排放的 32×10^8 吨二氧化碳当量温室气体中，有 269 个来自金属制品业（制造业）的设施，它是 1×10^8 吨二氧化碳当量，其中约 $7\,274 \times 10^4$ 吨来自钢铁工业（包括钢铁生产和钢厂能源供应等方面的排放）。

中国正处于工业化和城镇化快速发展的阶段，能源消耗和碳排放都呈现出快速增长的态势，主要表现在农业、工业、制造业、物流业、火电业、陶瓷等行业。胡剑波等（2019）[37]通过泰尔指数对中国农业 2001—2016 年能源消费碳排放的区域差异进行测量。马大来（2018）[38]采用至强有效前沿的最小距离法（mSBM）测度了我国 1998—2016 年各省份的农业能源碳排放效率。蔡博峰（2017）等基于工业企业点排放源基础数据建立了中国 2012 年 1 公里二氧化碳排放网格数据，认为中国城市二氧化碳排放整体呈现东部高于中部和西部、北方高于南方的空间格局。华北、东北和华东沿海地区城市的二氧化碳排放量较高，西部地区城市二氧化碳排放量较低。张巍等（2017）[39]根据 IPCC 碳排放计算方法计算了 2005—2014 年陕西省 37 个主要工业产业的能源消费碳排放量，运用 LMDI 建立了陕西省工业碳排放影响因素分解模型，定量分析了碳排放影响因素的作用程度。王少剑等（2021）[40]建立结构分解模型并综合碳排放量物料平衡法，对广东省 2001—2017 年工业碳排放量进行核算，得出广东省工业碳排放量呈现整体增加趋势。李治国等（2019）[41]采用广义迪氏指数分解法，以山东省 2000—2016 年制造业碳排放为研究对象，对能源、投资、产值等碳排放演变驱动因素进行分解，提出引导制造业投资流向、产业结构能源结构双调并举、碳强度和能源强度实现双降的碳减排措施。史祎馨（2014）从能源消费的角度分析了物流业的碳排放足迹，并用 IPCC 计算方法计算广东省物流业的碳排放总量。穆晓央等（2020）[42]对比分析西部各省份物流业 2011—2017 年碳排放量以及碳排放强度差异，建立 Tapoi 脱钩模型分析西部各省份物流业碳排放脱钩状态，最后采用 LMID 研究西部省域碳排放影响因素。安祥华等（2011）[43]根据煤耗、燃料排放因子、燃料平均低位发热量、碳氧化率等参数，分析了中国火电行业的二氧化碳排放量，并计算了 2007—2009 年全国各地区的二氧化碳排放量。曾令可（2014）结合《中国陶瓷生产企业温室气体排放核算方法和报告指南（试行）》，分析了温室气体排放核算的计算方法与陶瓷生产企业的相关参数、活动数据采集及排放因子获取等。

2.1.4　碳排放交易与核算体系新文献

探索和完善低碳经济背景下的碳排放交易体系已成为各国打破能源、资源和环境瓶颈，促进经济可持续增长的关键因素。目前，欧美发达国家已初步建立了碳排放交易体系，但尚未形成全球统一的国际碳排放交易市场。国际碳交易市场可分为两类，一类是基于配额的碳排放交易市场，采用限额交易和碳排放交易相结合的方式，在有限额的交易系统下，交易由管理人员制定和分配［如《京都议定书》下的分配数量单位（AAU）、欧盟排放交易机制（EU－ETS）下的欧盟排放配额单位（EUA）］。另一类是基于项目的碳排放交易市场，《京都议定书》中附件 I 规定国家可通过联合执行项目（JI）从其他国家购买减排单位（ERU），通过清洁发展机制项目（CDM）产生的核证减排量（CER）和碳汇产生的清除单位（RMU），抵消其温室气体排放。国内碳排放交易试点工作取得了积极进展，但起步较晚，仍然存在法律基础薄弱、监管目标不明确、交易市场分散、金融机构参与不足等问题。王仲辉（2011）分析了欧盟碳排放交易机制，并提出了对中国碳排放交易机制建设的启示。刘承智等（2013）根据政策和实践解释了中国碳排放交易市场的发展前景，提出了碳排放市场规模小、市场交易不活跃、市场体系不完善的问题。韩国文和陆菊春（2014）指出，从金融工具的角度来看，要掌握国际碳交易市场的话语权和主动权，必须建立有中国特色的碳金融体系。宋敏等（2020）[44]依据国内外碳金融交易市场发展现状，结合国内外相关的研究经验，对我国碳金融交易市场存在的风险进行探究，并提出防控建议措施。张彩江等(2021)[45]利用合成控制法对碳交易试点政策的减排效应进行评估，得出碳交易试点政策对抑制试点区域的碳排放量增长具有显著作用。碳排放的核算，主要包括生命周期法、决策树法、实物法、模型法和物料平衡法等[46]，其中属 IPCC 推荐的详细技术分类估算法和详细燃料分类估算法最为常见，中国学者大多数也是基于官方公布的能源消耗统计数据核算碳排放[47-49]，IPCC 的理论和方法普遍被各国接受。IPCC 已经聚集了来自世界各地的1 000 多名科学家，对全球气候变化、土地变化和碳排放估算范例进行了超过 10 年的研究。IPCC 已经发表了数十篇文章和报告，并提出了碳排放估算框架体系，包括各个主题领域、区域要素和各种生产环节、碳排放源清单和核算方法，成功引导了区域实践。目前，政府主导的大部分碳核算工作都是在 IPCC 制定的范式指导下进行的。

2.1.5 案例城市的碳排放研究

国内学界关于案例城市——天津市碳排放的研究为数不多。李雪梅等(2019)[50]在天津市 2000—2017 年碳排放测算的基础上，运用 LMDI 模型分析认为经济规模和能源强度对天津市碳排放影响较大，两者对碳排放影响分别表现为促进和抑制作用。李健等（2019）[51]基于天津市 2007—2016 年的面板数据，运用 Tapio 脱钩模型对比分析得到天津市经济与碳排放总量均呈高速增长态势，两者之间呈“弱脱钩”状态；借助 LMDI 分解表明经济增长是促进碳排放增长的主要原因。张贞等（2016）[52]在对天津市 2008—2012 年土地利用变化规律进行分析的基础上，探讨了天津市及其各区县的碳排放变化特征与空间分布格局。江文渊等（2020）[53]借助 LMID 模型对天津市 2004—2018 年产业碳排放进行测算，得出 2004—2018 年天津市各产业碳排放均呈上升趋势，人口数量、水资源经济产出对天津市各产业碳排放具有促进作用。赵涛（2015）引入对数平均迪氏分解模型及其归因分析（LMDI - Attribution）方法，对 2000—2012 年天津市 32 个细分工业行业的碳排放强度变化进行研究，得出黑色金属行业、化工行业和非金属矿物制品业是天津市碳排放强度分解因素变化的主要贡献行业。纵观以上文献，定量研究只限于碳排放与经济增长及驱动因子、能源消耗与碳排放之间的关系，因此需要系统、全面而深入地专题研究和分析天津市碳排放总量变化、影响因素、行业分解以及减排潜力等内容，有的放矢地提出路径选择与对策建议，从而科学指导天津市以及区域低碳城市的规划、建设与管理。

2.2　区域碳排放影响因素研究

2.2.1　影响因素识别研究

对于碳排放的影响因素，近年来国内外学者相关研究的文献有很多，主要集中在人口、经济、技术、能源结构与能源强度等方面对碳排放的影响。

在人口因素层面，Menz 和 Welsch（2012）由欧盟 26 个成员国的实证研究发现，1960—2005 年，随着少儿人口和老年人口的增加，碳排放也不断增加的。Casey 和 Galor（2017）利用 1950—2010 年发达国家和发展中国家的数据进行实证分析，研究结果表明 15—64 岁人口所占比重，即劳动年龄人口变量与碳排放具有显著的正相关关系。Katircioglu（2014）以土耳其能源消费为背景进行研究，表明不论是长期还是短期，高等教育的发展水平和人口素质的提升都将推动电力消费和石油消费的增长。Zhang（2013）研究表明在控制碳排放其他影响因素的条件下，人口对碳排放的影响表现为规模效应，其弹性接近于 1。宋德勇将中国分为高、中、下 3 个区域，分析了人口、收入、能源强度等因素对城镇化过程中碳排放的影响程度。童玉芬等（2020）[54]利用中国家庭金融调查数据库（CHFS）的数据进行实证研究分析，得出家庭人口老龄化与家庭碳排放呈负相关关系，家庭中老年人口增加有助于减少碳排放。

其他因素层面，Shuai 等（2017）以 125 个不同收入水平的国家为对象，分析 1990—2011 年的人口、经济、技术因素对碳排放的影响，表明高收入国家技术因素对碳排放的影响高于其他因素，对于中低收入的国家，经济发展水平，例如人均国内生产总值（GDP）对碳排放的影响大于其他因素。Robaina - Alves（2016）分析了 2000—2008 年葡萄牙的 5 个旅游子行业，认为旅游规模、能源结构、碳排放强度、能源强度是影响旅游业碳排放的主要因素。Samuel 等（2017）对碳排放与农业生态系统之间的关系进行了研究，认为稻田面积和谷物产量与二氧化碳的排放量成正比。Liang 等用加和式对数平均迪氏指数分解方法（A - LMDI - I）对 1995—2004 年澳大利亚建筑业单要素生产率（SFCP）的驱动因素进行了识别和分析，识别出碳强度、能源强度和地区调整 3 个驱动因素，实证结果显示能源强度显著正向驱动 SFCP。涂正革以区域性省份为基础，从城镇化、工业化视角出发，分析中国 30 个省份碳排放增长特征，得出经济规模和能源强度是影响碳排放和造成区域差异的主要因素。徐国泉等（2006）[55]利用 1995—2004 年的样本数据，分析了能源结构和经济发展对中国碳排放的影响，结果表明，经济发展对碳排放的影响呈指数增长，能源结构和能源效率对人均碳排放的抑制呈“倒 U 形”。宁学敏（2009）研究了中国 1988—2007 年的碳排放与对外贸易之间的关系，研究结论认为短期出口增长可以增加碳排放，并且它们具有相互促进作用。张伟等（2016）分析了劳动力、生产技术、资本等生产要素对碳排放的影响。裴祥宇（2019）利用 2000—2016 年动态面板数据模型，实证研究经济规模、产业结构和能源结构对我国“一带一路”沿线主要省份碳排放量具有显著影响。周灵以新疆地区为例，详细研究了该地区低碳经济发展的路径，其实证研究认为，产业规模、能源强度变化导致地区碳排放量的增加，调整产业结构可以促进地区碳排放量下降。张琳杰、崔海洋的研究认为，城市产业结构优化对碳排放的影响显著，相较于产业结构合理化，长江中游城市群的产业结构高级化对碳减排的效果更好。宁论辰等（2021）[56]利用 2001—2016 年中国 30 个省级行政区的碳排放效率进行实证研究，研究表明政府干预、能源强度、对外开放水平、能源结构和科技水平均对碳排放效率产生影响。

2.2.2 影响因素方法研究

利用模型间接研究碳排放的影响因素，主要采用的模型为环境库兹涅茨曲线（EKC）模型、LMDI、Kaya 恒等式和 STIRPAT 模型。虽然这些模型研究的目标是相同的，但侧重点各不相同，主要表现在：

①环境库兹涅茨曲线（EKC）模型研究侧重于经济增长与碳排放之间的“倒 U 形”关系。1955 年，诺贝尔经济学奖获得者库兹涅茨提出库兹涅茨曲线假说，表征经济增长与收入分配不平等之间的关系。20 世纪 90 年代初，库兹涅茨曲线被引入环境领域，认为环境质量随着经济增长或人均收入的提高要经历一个逐步恶化到渐进好转的“倒 U 形”转变过程。2009 年，中国科学院可持续发展战略研究组站在历史的角度上考察了世界上部分发展中国家与主要发达经济体碳排放的时间演变趋势、经济发展和碳排放的作用关系，认为一个国家或地区的经济发展与碳排放的关系演化存在 3 个“倒 U 形”曲线高峰规律，即其演化过程需要先后跨越碳排放强度“倒 U 形”曲线高峰、人均碳排放“倒 U 形”曲线高峰、碳排放总量“倒 U 形”曲线高峰。另外，研究还表明不同的国家或地区碳排放高峰所对应的经济发展水平或人均 GDP 存在很大差异，经济发展与碳排放之间不存在单一的、精确的拐点。张庆宇等（2019）[57]认为中国人均 GDP 和人均碳排放的关系，符合环境库兹涅茨曲线“倒 U 形”的规律和趋势。而 Gill 等（2018）[58]提出 EKC 并不一定会产生，需要考虑污染物的特性、规模、合成及技术 4 种效果的相互影响。张志新等（2020）[59]研究表明“一带一路”沿线区域符合“贸易有益论”，“一带一路”贸易能够有效减轻对环境的污染；经济的增长与碳排放的 EKC 曲线为“N 形”，这表明经济的增长对环境会造成一定的污染。

②LMDI 从技术和结构角度关注影响碳排放的因素。例如，党曹妮等（2018）[60]基于 LMDI 的完全分解模型分解 1995—2015 年甘肃省的能源消

耗碳排放量，得到人口规模、经济发展、能源强度和能源结构的年度和累积效应。1995—2015 年甘肃省能源消费总碳排放量增加了 12 749 $\times 10^4$ 吨，经济发展效应是碳排放增长的主要动力，降低能耗强度是减少碳排放的主要因素，各种因素对碳排放变化的影响和贡献率逐年变化。李旭东（2018）[61]采用 LMDI 定量分析能源消费结构、能源消费强度、居民消费水平、人口规模 4 个因素对贵州省居民直接生活用能碳排放增量的影响，并对比分析城镇和农村影响因素的差异。Hu 等（2016）用 A－LMDI－I 研究了 1990—2012 年澳大利亚建筑业的 SFCP，分解出技术创新和地区调整两个驱动因素，结果表明技术创新显著提升了澳大利亚建筑业的 SFCP。王杰等（2021）[62]基于金砖国家 1987—2017 年的面板数据，通过脱钩模型和 LMDI 模型进行实证分析，认为金砖国家的减排可以通过增加技术投入、提高能源利用效率等方法实现。

③Kaya 恒等式揭示了二氧化碳排放与经济、政策、人口之间的联系。例如，杜运伟等（2015）[63]研究了基于 Kaya 模型的江苏省人口城镇化对碳排放的影响，结果发现人口城镇化水平和碳排放呈“倒 U 形”曲线，但未达到“倒 U 形”拐点。此外，他们提出人均 GDP 和能源强度是影响碳排放的关键因素。秦军等（2014）[64]在 Kaya 恒等式的基础上，结合灰色关联分析法对 2000—2011 年江苏省统计数据进行了关联分析，表明煤炭消耗量对碳排放量的影响最大，改善以煤炭为主体的能源结构是降低碳排放量的最有效途径。陈万龙等（2010）[65]利用因素分析法借助 Kaya 恒等式对 1990—2007 年影响我国能源消费碳排放的因子进行分析，发现经济的持续发展是高碳排放的主导因素，人口是增加二氧化碳排放的重要因素，能源强度的降低对减排具有重要贡献，但改善能源结构仍是一项长期工作。付云鹏等（2019）[66]运用 Kaya 恒等式改进模型借助 LMDI 对我国 2000—2017 年的碳排放量进行分析，发现经济产出水平、能源结构和人口规模对碳排放具有正向的影响，能源强度和产业结构对碳排放量具有负向影响。

④STIRPAT 模型，其模型系数可以反映每个指标对碳排放的影响程度，指标范围可包括人口、经济、技术和其他与碳排放存在函数关系的变量。例如，张勇等（2014）[67]基于 STIRPAT 模型对 2000—2011 年安徽省

的碳排放和碳排放强度进行了测量，并运用因子分析构建了碳排放增长的驱动因子模型。研究发现，城市人口比例、第二和第三产业的产值、城市建成区、城镇居民人均可支配收入与碳排放的影响呈正相关。张乐勤等（2015）[68]介绍了城镇化综合指数二次项，并通过STIRPAT模型验证了安徽省城镇化与碳排放的演变，使库兹涅茨曲线假设的结论得到了满足。马宏伟等（2015）依据STIRPAT模型，利用1978—2010年统计数据，对影响我国人均二氧化碳排放的人口比重、人均国民生产总值、能源消费结构和工业能源效率等因素进行了实证分析。张帆等（2021）[69]利用STIRPAT模型对共享社会经济路径下中国2020—2100年碳排放进行了预测研究，提出中国应当持续提升能源利用效率、产业结构升级、倡导低碳生活，以加快碳减排目标的实现。

综上所述，对碳排放影响因素的研究一直以来都是比较热点的，国内外对碳排放影响因素类型与方法研究的相关文献也比较多，但这些研究主要是针对一个或者几个因素对于碳排放的影响，并没有将能源消费、经济增长、能源消耗强度、产业结构、能源结构、城镇化、人口等因素对于碳排放的影响进行综合考虑。为此，本书在考虑区域特点的基础上，综合选择人口、经济、产业、能源等因素，分析其对碳排放的影响状况，以寻求碳减排的最优路径。

2.3 区域碳减排路径研究

通过减少碳排放实现低碳经济发展对建设生态文明具有积极意义。如今，“低碳经济”使减少碳排放成为世界经济发展的一个主要趋势，低碳经济受到学术界、商界和政界的广泛关注。为积极推进碳减排路径的探索，国内外学者多采用模型等方法定量研究。荣培军等（2016）[70]选择1978—2013年的数据，利用岭回归研究河南省城市化演变与碳排放效应之间的关系。该研究显示了碳排放和城市化率始终如一，人口城市化、土地城市化、第二和第三产业产值、城镇居民消费水平与碳排放呈正相关关系。大规模人口增长对碳排放的影响最大，而技术水平的提高将抑制碳排放量的增长。梁雪石等（2015）[71]利用岭回归分析黑龙江省的城市化和碳排放，发现人口增长，经济增长和城市化率将在一定程度上增加黑龙江省的二氧化碳排放量，而能源强度将在一定程度上抑制碳排放。佟昕（2015）基于2000—2011年的样本数据，利用灰色模型GM（1，1）预测中国未来9年的碳排放量，结果表明反映经济发展水平和能源消耗的各种因素对碳排放有积极影响，人口和产业结构的影响很大，技术进步可以在很大程度上抑制二氧化碳的排放。Shimada和Gomia等学者[72-73]建立了区域经济发展模型，并对不同区域低碳社会建设进行了系统的分析。Wissema和Dellinke（2007）[74]利用可计算的一般均衡（CGE）模型研究爱尔兰碳税征收对其二氧化碳排放量的作用，研究结论表明：与爱尔兰1998年的二氧化碳排放水平作对比，对每吨二氧化碳排放施以10—15欧元碳税将使碳排放水平降低25.8%，且碳税相对于普通单一能源税会有更大的减排效果。Mallah和Bansal（2010）[75]认为印度目前的电能供给和需求是非可持续的，并通过市场配置（MARKAL）模型仿真模拟证明：印度可持续发展路径是开发使用节能技术和可再生的能源系统。禹湘等（2020）[76]利用STIRPAT模型识别不同驱动因素对试点城市碳排放的影响，依据驱动因素来识别各个城市的减排的路径。研究发现，低碳成熟型的城市，应当加大研发投入，发展可再生资源降低碳排放；低碳成长型的城市，应当提升城镇化的质量；低碳后发型城市，应当发展经济，淘汰落后产业，注重产业升级调整。

此外，一些学者也对不同地区和不同行业的发展做了相应研究。景跃军等（2010）[77]认为，东北地区低碳经济的发展应在经济政策指导下，调整能耗结构，加快建立低碳交通建设体系，稳步推进工业低碳转型。赵忠等（2013）[78]分析了山东省低碳经济的发展路径，认为应着眼于优化能源与产业结构，发展新能源产业，选择适当的减排手段。张馨（2017）[79]建议陕西省积极推进煤炭“绿化”行动，发展和培育低碳产业，大力发展低碳交通体系，打造低碳城区，促进智能化发展。杨红娟等（2016）[80]通过研究云南省少数民族地区的能源碳排放预测提出了减排路径：①提高人口素质，弘扬少数民族的简朴自然观；②协调城乡发展，合理推进城镇化进程；③结构转型和经济发展质量不断提高。何剑等（2017）[81]建议新疆维吾尔自治区的绿色发展道路如下：①依托“一带一路”建设，引进先进技术，促进工业绿色转型；②加强市场化资源配置，发展碳融资；③协调经济发展和碳排放以及能源消费结构的优化。董梅等（2020）[82]分析了辽宁、广东、陕西、湖北、云南和海南 6 个“低碳省区”试点政策的减排效应，分析表明碳排放权交易试点政策的叠加有助于碳减排的实现。在运输业，张扬等（2015）[83]采用情景分析方法对 2020 年交通运输碳排放趋势进行定量分析。在情景比较的基础上，总结了交通部门的减排路径：指导交通需求、调整运输结构和提高运输工具技术效率。David Andress（2011）介绍了美国交通运输业降低温室气体排放的措施技术，主要针对在 2060 年有可能实现的减排技术，包括生物燃料、混合动力电动汽车（HEV）、插电式混合动力汽车（PHEV）和燃料电池电动汽车（FCEV）等。Morrow 等（2010）[84]对美国交通运输业减少燃油消费和温室气体排放的政策层面进行了分析，探讨了全球低碳背景下美国不同部门为减少交通运输的温室气体排放量和石油消费而制订的具体政策方案。分析结果显示，在减排方面，车辆购置税是一项昂贵且低效的减排措施，降低碳排放量的主因来源于对车辆行驶过程的限制。Sims（2003）等[85]以全球电力部门为研究对象，分别估算了在低碳型化石燃料（如天然气）、核能、可再生能源（如水能、风能、太阳能和生物质能）以及碳封存 4 种二氧化碳减排选择方案下该部门在 2010 年之前和 2020 年之前的二氧化碳减排量和减排成本。尹岩等（2021）[86]以设施农业生产管理过程中的温室气体排放源为研究对象，分别估算连栋温室、日光温室、塑料大棚 3 种设施农业的碳排放，表明设施农业碳排放以土壤温室气体排放、农膜投入和农用品投入碳排放为主。

第 3 章

相关概念与理论框架

改革开放以来，随着区域经济的发展，人类社会在生产和生活中产生大量温室气体，其中，产业经济活动所产生的能源消费碳排放是温室气体的主要成分[87]。除此之外，据世界资源组织公布的数据显示，过去的150年间由土地利用所产生的碳排放约占同期人类活动总碳排放的1/3[88]。根据研究目标，本章对碳排放相关概念进行界定，尤其是与研究内容关系密切的能源碳排放、土地利用碳排放，并对国内外碳排放的发展进行梳理，以指导后续章节关于区域碳排放影响因素及碳减排路径的实证研究。

3.1　相关概念界定

3.1.1　碳排放

碳排放（Carbon Emission）是指温室气体排放，包括二氧化碳、甲烷和氧化亚氯等。由于二氧化碳具有最高的碳含量和最大的温室气体比例，因此它是温室气体中最重要的组成部分[89]。二氧化碳排放量（Carbon Dioxide Emission）是指一个国家或区域一年内通过所有途径向大气中释放的二氧化碳总量，是一个总量指标。其主要来自于自然界生物生存过程、社会生产及物质制造过程和居民日常生活过程中排放的二氧化碳。碳排放量与二氧化碳排放量的本质相同，计算方法相同，但计量数值有所不同，碳排放量是二氧化碳排放量乘以12/44得来，这是由于碳元素分子量是12，占二氧化碳分子量的12/44[90]。

依照《IPCC 2006年国家温室气体清单指南2019修订版》（2019 Refinement to the 2006 IPCC Guidelines for National Greenhouse Gas Inventory），主要碳排放包括能源排放、工业过程和产品使用、农林业和土地利用、废弃物及其他五类[91]。本书中土地利用碳排放是指土地利用变化的碳排放，分为土地利用类型转变和土地利用保持。前者是指土地利用覆被类型转变，导致生态系统类型更替造成的碳排放，如采伐森林、围湖造田、建设用地扩张等。土地利用保持是指土地经营管理方式转变或生态系统碳汇所驱动的碳排放，包括农田耕作、草场退化、养分投入或种植制度改变等[92]。本书能源碳排放主要采用“碳排放量”这一概念来研究天津市碳排放水平，是指由碳基能源消耗产生的二氧化碳，不包含生物质能源或工业生产过程产生的二氧化碳。

3.1.2 碳源和碳汇

《联合国气候变化框架公约》（United Nations Framework Convention on Climate Change，UNFCCC）中定义，“碳源”指向大气排放温室气体（折合为二氧化碳当量）的任何过程或活动，如工业生产、生活等都会产生二氧化碳等温室气体，是主要的碳排放源；“碳汇”指从大气中清除温室气体（折合为二氧化碳当量）任何过程、活动或机制，如森林植物通过光合作用将大气中的二氧化碳吸收并固定在植被与土壤当中，从而减少大气中二氧化碳浓度的过程。因此，“碳源”和“碳汇”是两个相对的概念。

本书中建设用地和耕地从大气中释放二氧化碳等温室气体属于碳源，林地、草地、水域、盐田和未利用地则从大气中吸收或消除二氧化碳等温室气体，属于碳汇[93-95]；耕地既是碳源也是碳汇，但因天津地区一定时间周期内（通常为“年”）表现为碳源大于碳汇，即净量为正值，故按碳源来核算。

3.1.3 碳排放强度

碳排放强度（Carbon intensity）是指单位 GDP 的碳排放量，用研究期内的碳排放量与地区生产总值之比来表示，可反映国家或地区在发展经济的同时对减缓气候变化所做出的贡献。当该指标较大时，表示创造单位产值能源消耗碳排放量较多；相反，该指标较小时，表示创造单位产值能源消耗碳排放量较少[96]。从理论上讲，单位 GDP 碳排放量越小越好，它从侧面反映了经济结构的合理性和经济发展中的科学技术水平。碳排放强度受能源强度、能源结构的直接影响，而经济社会发展阶段、产业结构、城镇化率和土地利用等宏观因素，也会对碳排放产生一定的影响。本书中计算不同土地利用类型的碳排放量与地区生产总值之比，并用其分析各阶段土地利用对碳排放的影响。

3.1.4 土地利用碳排放

1995年，国际地圈—生物圈计划（International Geospher - Biosphere Programme，IGBP）和国际全球环境变化的人文领域计划（International Human Dimensions Programme on Global Environmental Change，IHDP）联合提出“针对人类活动和全球变化间的人和生物驱动影响土地利用与土地覆被及其对环境和社会的影响”的“土地利用/覆被变化”（Land Use and Land Cover Change，LUCC）研究计划，从而使土地利用变化研究成为全球变化研究的热点问题。

土地利用碳排放（Land Use Carbon Emissions）是指土地利用的变化以及人们生产和生活活动干预中二氧化碳的释放[97]。宏观上，土地利用碳排放指随着工业化和城镇化的发展，土地利用类型转换引起碳排放发生的变化，如耕地、林地等农用地转变为建设用地，而建设用地上的大量能源消耗属于间接碳排放。中观上，土地利用碳排放指土地利用结构调整引起的碳排放变化，一方面是建设用地上产业结构的调整，主要是其承载的第二产业与第三产业变化导致的能源消耗量发生相应改变，从能源耗费角度讲属间接碳排放；另一方面是农用地内部的产业结构调整导致农用地碳排放/吸收系数发生相应变化。微观上，土地利用碳排放指农用地管理措施（科学测土施肥、灌溉变化和秸秆还田等生物、技术手段），以及森林砍伐、草原放牧等，影响二氧化碳等温室气体的排放。

3.1.5 能源碳排放

碳排放，主要指二氧化碳和部分温室气体的排放，是造成气温上升及全球变暖的主要原因。根据相关研究表明，能源消费产生的碳排放量占碳排放总量的95%以上。本书中的能源碳排放（Energy Carbon Emissions）是指在城市生产、生活活动中燃烧煤炭、石油和天然气等化石能源，并向大气中释放温室气体的过程。主要包括第一、第二、第三产业和生活能源消费及其结构，其碳源可分为4个部分：能源生产、能源加工和转换、能源消耗和生物质燃烧。本书涉及的终端能源类型包括原煤、洗精煤、焦炭、原油、汽油、煤油、柴油、燃料油、液化石油气、其他石油制品、天然气、液化天然气，共计12种主要能源品种。

3.2 相关理论基础

3.2.1 人地关系理论

人类与各种地理要素之间互为影响因素的逻辑链条被称为“人地关系”，描述这一关系的理论则被称为“人地关系理论”[98]。在“人地关系”理论中，“人”指社会性的人，是在一定生产方式下从事生产、生活的人，“地”指的是人在社会生产和生活中可能会发生关联的地理要素，包括自然地理环境（资源、环境等自然要素）和人文地理环境（经济、社会、文化等人文要素）两部分（洪舒蔓，2014）[99]。人类为了生存和发展，不断对地理环境进行利用和改造，在此过程中不断增强了适应地理环境的能力；与此同时，地理环境也深刻影响着人类活动，人类这个主体与其周围地理环境这个客体之间相互影响的过程，是一个漫长的、从量变到质变的过程。

随着人类社会的进步和各类思潮的演进更替，人地关系论也不断演化，产生主要影响的3个理论观点[100]为：①环境决定论，该理论认为地理环境是人地关系的核心，对人类社会生活的方方面面都会产生决定性的影响，并从根本上影响了人类的迁徙和进化。②或然论（可能论），该理论的主要观点是自然地理要素为人类活动的范围划定了边界，并且提供了生产生活的空间条件，人类会根据自身需求对这些要素的条件和状态进行选择和改造，认为人地关系的核心是人类与地理空间要素之间的互动。③景观论，该理论的主要观点是人类活动是景观要素形成的主要力量，应通过一系列技术方法来建立地理景观的研究体系，基于此来研究人类与地理空间要素之间的相互关系。该理论认为人类和环境要素是人地关系中的重要组成部分，两者之间既相互联系又相互制约，通过长时间的博弈关系最终形成的均衡状态是人地关系和谐的本质。景观论是目前人地关系学说的主要流派，人类社会中人地关系的和谐处理在很大程度上都是参考了景观论的思想。

在城镇化进程不断加快的今天，人类社会对资源开发、利用以及改造的速度和尺度都在不断提升。土地资源作为一种刚性资源，其绝对数量是一定的，在实践过程中，需要做到社会、经济和生态效益齐头并进。现阶段我国由于土地开发利用保护过程中的一些不合理行为导致产生了一些环境问题，特别是在我国人均耕地面积较低的现实条件下，人口和社会经济的发展都需要土地作为载体，在此背景下，大量耕地转化为建设用地，这一行为的结果不仅意味着耕地面积的减少，与之相配套的生态用地数量也急剧减少；另外，随着工业化进程的加快，人类对能源的需求逐年增加，而能源消耗过程同样带来了大量二氧化碳的排放，从而加剧温室效应。目前，我国正处在社会经济高质量发展和城镇化不断加速的时期，农用地非农化是在这一时期必将面临的发展趋势。不仅如此，随着发展阶段的不断深化，这一趋势的发展速度还会不断加快。在这样的人地关系背景下，如何采用节约集约用地、优化用地结构、科学合理规划等手段来实现土地的低碳利用将是我们研究的重点。

3.2.2 土地优化配置理论

土地优化配置是在一定的社会、经济、技术条件下，为了实现土地利用的社会、经济和生态效益的最大化，依据土地利用特性和土地发展需求，采取一定的科学技术、管理方法，改变土地用途，对土地利用结构和空间布局进行科学合理的配置，以达到土地的最优分配和最佳使用。

土地优化配置理论主要包括土地利用结构优化、土地利用空间布局优化、土地节约集约配置和土地利用优化配置效益 4 个方面的内容[101]。土地利用结构优化是确定在土地上的各行业和各经济职能之间的分配，及各类用地的构成和组合关系。土地利用空间布局优化是在土地利用现状的基础上，根据区域土地空间分布规律，调整土地利用分布，使空间布局更加合理。土地节约集约配置是土地资源优化配置的重要标志，现阶段土地资源优化配置主要是通过有效利用现有土地资源，提高土地节约集约利用程度，提升单位土地利用效率和效益来实现的。土地利用优化配置效益指充分发挥土地资源的优势，考虑土地资源的利用方式，提高土地资源配置的综合效益。通过土地利用结构调整和优化配置，促进土地的低碳利用[102]。

目前，土地资源优化配置最核心的目标是将土地资源利用达到最大化。具体来说，土地优化配置是指通过发挥不同土地类型的资源优势，将土地资源的使用效率纳入政策制定的考量范围，通过技术方法和管理升级，提升土地资源在开发、利用、保护过程中的使用效率。最后，借助于土地使用类型的合理布局以及效率的提高，降低土地利用过程中的碳排放量，从而可以完成土地资源的生态、社会、经济多目标的综合实现。

3.2.3 低碳经济理论

低碳经济是指“低能耗”“低排放”“低污染”“高效益”，以可持续发展、低碳技术改进和创新、新能源开发利用等为指导，减少能源消耗，提高能源效率，实现节能减排的经济发展模式[103]。“低碳经济”一词最早是在 2003 年 2 月的英国能源白皮书《我们未来的能源——创建低碳经济》中提出的，旨在通过相对较低的碳排放和高投入产出比来保护环境，提高人类生活质量，从根本上将英国转变为低碳经济的国家[104]。低碳经济的构成要素主要有低碳能源、低碳技术、低碳产业和低碳管理[105]。

（1）低碳能源

目前社会碳排放主要来源于非清洁能源的燃烧，因此低碳能源对于低碳经济的发展至关重要，低碳能源包括风能、太阳能、核能、地热能和生物质能等，通过低碳能源对产业能源消耗体系进行改革，大力推进火电减排、工业节能减排等，促进低碳产业体系发展。

（2）低碳技术

低碳技术是低碳经济的核心，在全球节能减排的背景下，各国都在力推低碳经济，此时低碳技术对于提高国际竞争力，实现低碳经济十分重要，低碳技术简单来说就是通过提高能效或以清洁能源代替高污染能源的方式实现碳排放的减少。低碳技术包括减碳技术、无碳技术和去碳技术，减碳技术主要通过提高能源利用效率减少碳排放量，如煤的清洁利用等；无碳技术主要通过开发新型或清洁能源，达到无碳排放的目的，包括风能、太阳能等利用；去碳技术主要通过收集已经产生的碳，经过不同工序将其封存或再利用，主要包括二氧化碳捕获和封存技术（CCS）、碳捕集、利用与封存技术（CCUS）等。

（3）低碳产业

低碳产业是在生产过程中碳排放量较小或无碳产生的产业。低碳产业的发展直接影响低碳经济，当前钢铁、水泥等重工业能耗较高，污染严重，因此加快产业调整，鼓励新型绿色产业发展，淘汰落后产能，加快实现高污染产业向绿色低碳产业转变是发展低碳经济的关键。

（4）低碳管理

低碳管理主要体现在相关的规范、制度上，从节约能源，提高能源利用效率和技术水平等角度出发，完善低碳管理体系，从政府角度推动低碳管理机制发展，对于低碳经济发展十分重要。

现今，低碳经济的发展已成为全球研究的重大问题之一。低碳经济发展路径要根据一国具体的社会经济发展形势和基本国情来制定，这样才有助于实现经济的高质量发展。在我国，低碳路径的选择在遵循社会经济发展和气候保护一般规律的同时也要适合我国的基本国情。现阶段，我国正处于工业化中后期和城市化转型的关键时期，在全球倡导低碳发展经济的前提下，我国作为世界最大的发展中国家也必须要加快推进低碳经济的发展进程，这样才能促使经济和环境和谐发展产生的正面效益真正惠及企业发展和人民生活，成为一种达到社会经济发展与保护生态环境双赢的新型经济发展模式。

3.2.4 能源—环境—经济（3E）理论

3E 系统是由能源（Energy）、环境（Environment）、经济（Economy）3 个子系统构成的一个多层次、相互依存、相互制约且集经济效益、环境效益、社会效益为一体的复杂系统[106]。最初，国内外多数学者都是以二元系统为研究对象的，但随着研究的逐步深入以及能源消费产生大气污染引起环境损害问题出现之后，研究者开始迫切认识到能源、环境、经济必须作为一个完整的循环体系才能进行更加深入、全面、系统的研究。自 20 世纪 80 年代，国际上许多机构开始逐步合作构建能源—环境—经济（3E）三元系统的研究框架，以期对能源、环境、经济协调发展问题进行研究。自改革开放以来中国的经济发展迅速，但却是以牺牲环境为代价，某些地区长期以煤炭为主的低能源利用效率、高能耗、高排放、高污染，造成环境质量不断下降的同时也制约了地区经济的发展，使其经济一度陷入“环境贫困陷阱”——环境质量的恶化或者环境公共服务的不足会通过影响健康、教育等人力资本积累和其他要素资源配置而影响甚至拖累经济发展，加剧贫困和社会经济的不平等，由此循环往复，造成了能源、环境、经济 3 个子系统之间的矛盾不断恶化，形成恶性循环。

总体而言，能源—经济子系统、经济—环境子系统、能源—环境子系统 3 个子系之间存在双向关系[107]。能源子系统会对经济子系统提供能源资源以推动经济的发展，倘若能源短缺或能源利用效率过低会使经济的发展受到限制，能源利用效率相当于两个子系统间的“润滑剂”，经济子系统的快速发展会导致能源子系统的生产和消费产生负担。经济子系统的盲目过度发展会对环境造成破坏致使环境子系统的承载能力下降，从而影响人们的日常生活，反之，环境子系统的良好可持续发展会为经济子系统提供一个良好舒适的发展环境，不会产生太多困扰。能源子系统以煤炭、石油消耗为主产生的污染会对环境子系统造成极大的伤害，同样环境承载力下降会对能源生产造成负担。

3.2.5　可持续发展理论

工业革命以来，人类社会进入一个全新的高速发展阶段，人类社会的物质财富日益丰富，人类活动对自然环境的冲击力大大加强，不可避免地出现了严重的生态环境污染问题。基于此，1987年，联合国世界环境与发展委员会首次在《我们共同的未来》中明确提出“可持续发展”的概念，指出必须满足当代人的需要又不损害后代人满足其自身需要发展的能力。

可持续发展理论起源于自然环境保护的相关研究，但发展到今天，可持续发展已经不是简单的环境保护问题，而是全人类进步所共同要求的发展战略。具体来看，大致分为以下几类：从经济学领域进行定义，可持续发展的宗旨是在空气质量和自然资源不受破坏的情况下，能够使环境资源的利用在获取经济效益时达到最优化。从社会学领域进行定义，可持续发展强调在生态系统承受范围内，通过政府调控，稳定经济增长，缓解环境压力，提供更多工作岗位，增加收入并消除贫困，立足于人类生存环境的改善。从生态学领域进行定义，可持续发展强调在遵循自然规律的情况下找到社会系统和生态系统发展的均衡点，在不破坏这种均衡和生态环境的承受范围内，进行人类的生活和发展。从技术创新领域进行定义，可持续发展强调使用先进技术使自然资源能够得到循环利用，使科学技术能够应用于生态环境领域，为促进经济发展和提高人民生活水平做出努力。

现阶段，我国正处于快速城镇化发展的阶段，土地资源作为不可再生资源是人类生存和发展的基础，目前由于不合理的土地利用产生的水土流失、土壤污染、土地沙化等生态环境问题日趋突出，同时农用地转为建设用地，导致生态用地减少，能源消耗增加，从而增加温室气体排放，生态环境保护受到威胁。因此在这种人地关系背景下，如何通过调整用地结构、合理控制建设用地规模、集约高效用地等措施实现城市低碳发展成为目前研究的重点。

第 4 章

研究方法

4.1 碳排放量测算方法

对碳排放进行测算，是进行碳排放研究的第一步工作，也是合理有效制定碳减排目标和政策的重要前提和依据[108]。目前国际上通用的用来进行估算气体排放量的方法主要包括实测法、物料平衡法和排放系数法[109]。作为获得估算数据的根本依据，上述3种方法在使用过程中各有所长，且可互为补充。

4.1.1 实测法

实测法主要通过监测手段或国家有关部门认定的连续计量设施，测量排放气体的流速、流量和浓度，用环保部门认可的测量数据来计算气体的排放总量的统计计算方法[110]。其统计计算公式为：

$$G = \xi QC \tag{4.1}$$

$$C = \frac{\sum CQ}{\sum Q} \tag{4.2}$$

其中，G代表某气体放量；Q代表介质（空气）流量；C代表介质中某气体浓度；ξ代表公式中单位换算系数。

实测法的基础数据主要来源于环境监测站，监测数据是通过科学、合理地采集和分析样品获得，因而实测法具有精度高的优点。实测法对样本的要求较高，所选样品应具有较高代表性，否则数据无意义，由于进行二氧化碳实测需要连续监控，消耗成本与时间巨大，且检测范围大，精度不能保证，因此实测法运用于碳排放计量时存在争议，目前使用并不广泛。

4.1.2 物料平衡法

物料平衡法也叫质量平衡法，它的基本原理是质量守恒定律，即任何一个生产过程，投入系统的原料总量等于产出量与过程流失量之和，是一种定量分析方法，也是一种理论估算方法，用于不能实测的污染源的估算，弥补实测法的缺点[111]。

物料衡算可采用总量法或定额法。总量法是以原材料总量、主副产品和回收产品总量为基础进行物料衡算，来计算物料总的流失量。定额法是以原材料消耗额为基础先计算单位产品的物料流失量，再计算物料流失总量。一般对生产过程的某一步骤或局部设备进行物料衡算，采用总量较为方便，对整个生产过程采用定额法比较简单[112]。目前大部分的碳源排碳量的估算和基础数据的获取都是以此方法为基础的。

4.1.3 排放系数法

排放系数法是指在正常技术经济和管理条件下，生产单位产品所排放的气体数量的统计平均值，排放系数也称为排放因子。排放系数的数值是在企业正常生产条件下的单位产品的排放物的量，可通过实测、物料衡算或调查得到。

目前使用的排放系数有两种：一种是在没有气体回收的情况下，生产某单位产品的气体排放量；另一种是在有气体回收或治理的情况下，生产某单位产品的气体排放量[113]。排放系数法的计算公式为：

$$C = EF \times Q \tag{4.3}$$

其中，C 为排放量；EF 为生产单位产量产品时的排放量；Q 为产品产量。由排放系数法的公式推断可知，只要已知某生产单位的产品产量和排放系数即可以确定排碳量。但在不同技术水平、生产状况、能源使用情况、工艺过程等因素的影响下的排碳系数存在很大差异，因此，使用系数法存在的不确定性也较大。此法对于统计数据不够详尽的情况有较好的适用性，对我国一些小规模甚至是非法的企业计算其排碳量也有较高的效率。

4.2 碳排放影响因素分析方法

4.2.1 主成分分析法

在各领域的科学研究中，为全面客观地分析问题，往往要考虑从多方面观察所研究的对象，收集多个观察指标数据。如果一个一个地分析这些指标，无疑会造成对研究对象的片面认识，也不容易得出综合的、一致性很好的结论。主成分分析法（Principal Component Analysis，PCA）是一种重要的多元统计分析方法，即通过将多个变量线性变换选出主要变量，使原来众多的变量用几个能够反映原来绝大多数信息的综合因子来代表，是一种降维处理技术[114-115]。因此，本书采用主成分分析法，运用 SPSS19.0 软件对天津市土地利用变化影响因素进行定量分析，找出天津市土地利用动态变化的主要驱动力因素。

采用相关矩阵进行分析，根据特征值≥1 来确定主成分个数，输出结果中，特征值是样本观测值在其第 i 个主成分上的方差即分散程度，如果特征值很小，说明这一主成分在分析样本数据时所起的作用不大，可以忽略不计。主成分方差贡献率值越大，表明综合各影响因素信息的能力越强，其余主成分的方差依次递减，累计贡献率表明前 m 个主成分提取了所有影响因素的信息的多少。因子载荷是主成分经济解释中非常重要的解释依据，由因子载荷量在主成分中的绝对值大小来刻画该主成分的主要经济意义及其经济成因[116]。

4.2.2 LMDI

LMDI 是能源经济学中最常用的定量估算影响因素的分解方法。在当前的低碳经济研究中，该方法具有可操作性强、全分解、无残差以及结果唯一等特点，被广泛用于因素分解的实证研究中。例如，王媛等(2014)[117]使用Ang提出的LMDI，将天津市能源消耗碳排放分解为人口、人均GDP、产业结构、能源效率、能源结构和碳排放系数6个因素，分析各种因素对碳排放的贡献和碳排放变化的原因，并寻求减少碳排放的措施。根据《中国区域间投入产出表》，邓吉祥等（2014）[118]将中国划分为8大区域，在此基础上，采用LMDI，将影响碳排放的因素分解为能源强度、经济发展、人口规模和能源结构4个效应，并分析了8个区域的碳排放差异。

4.3 碳排放预测方法

4.3.1 情景分析方法

情景分析法是在假定某种趋势或现象将持续到未来的前提下，利用不同模型，对预测对象可能出现的情况进行预测的一种定性预测方法[119]。与传统预测方法不同，情景分析法为一种多路径式的预测方法，在各种假设条件下预测未来可能发生的某种情形。在某种意义上，传统观测方法也可以称作情景分析法的一种特例。在情景分析中，虽然某种假设不一定发生，但是通过假设条件的建立，并对某项事物进行分析，可以帮助人们直观感受到想要出现某种结果，所需的条件是什么[120]。

4.3.2 STIRPAT模型

STIRPAT模型为多变量的非线性方程，它是York等在IPAT模型的基础上建立的随机形式模型，该模型不仅能得出自变量对因变量等比例影响关系，同时也考虑了人口、经济以及技术因子单独变动对环境的影响，反映出驱动力变化时环境影响的变化程度[121-122]，其方程式如下：

$$I = a \times P^{b} \times A^{c} \times T^{d} \times e \qquad (4.4)$$

式中：I 表示环境压力；P 代表人口发展；A 代表经济发展；T 代表技术发展；a 为常数项；e 为误差项；b、c、d 分别为人口、经济和技术的指数项，一般也称为弹性系数。

为方便运用软件对式（4.4）中指数进行估计，并解决其异方差性，一般对方程两边取对数，得到如下形式：

$$\ln I = \ln a + b\ln P + c\ln A + d\ln T + \ln e \qquad (4.5)$$

式中：$\ln I$ 为因变量；$\ln P$、$\ln A$、$\ln T$ 为自变量；$\ln a$ 为常数项；$\ln e$ 为误差项。可知 P、A、T 每变化 1%，会带动 I 发生 $b\%$、$c\%$ 和 d% 的变化。

第 5 章

天津市概况

5.1　自然地理概况

5.1.1　地理环境

天津市，地处华北平原海河五大支流汇流处，东临渤海，北依燕山[123]；介于东经 116°43’ 至 118°04’、北纬 38°34’ 至 40°15’ 之间；位于海河下游，地跨海河两岸，是北京市通往东北、华东地区铁路的交通咽喉和远洋航运的港口[124]；地势以平原和洼地为主，北部有低山丘陵，海拔由北向南逐渐下降。天津市地处北温带，位于中纬度亚欧大陆东岸，主要受季风环流的影响，是东亚季风盛行的地区，属暖温带半湿润季风性气候；临近渤海湾，海洋气候对天津市的影响比较明显。天津市年平均气温约为 14℃，年平均降水量为 360—970 毫米。

5.1.2　自然资源

天津市土地资源丰富。据研究显示，2019 年，农用地面积为 689 441 公顷，其中耕地面积 436 213 公顷、建设用地面积 420 651 公顷、未利用地面积 86 553 公顷。全市的土地，除北部蓟州区为山区、丘陵外，其余地区都是在深厚积沉物上发育的土壤[125]。在海河下游的滨海地区，有待开发的荒地、滩涂，是发展石油化工和海洋化工的理想场地。除此之外，天津市有充足的油气资源，燃料矿主要埋藏在平原区和渤海湾大陆架，有石油、天然气和煤成气等。

5.2　社会经济概况

天津市是我国四个直辖市之一，我国北方最大的沿海开放城市[126]，现辖16个区，包括和平区、河北区、河东区、河西区、南开区、红桥区、东丽区、西青区、津南区、北辰区、武清区、宝坻区、静海区、宁河区、蓟州区和滨海新区。近年来，天津市经济稳步增长，已成为我国重要的文化、艺术、教育和交通中心[127]。特别是2000年以来，随着天津滨海新区纳入国家“十一五”规划和国家发展战略，天津市经济重现活力，被誉为中国经济第三增长极，产业结构优化升级，综合实力明显加强，已经形成我国唯一的“双城双港”城市形态。

截至2019年年末，天津市全年地区生产总值为14 104 $\times 10^8$ 元，比上年减少25.02%，人均生产总值达9.03 $\times 10^4$ 元。天津市人口总量保持基本稳定，2019年全市常住人口达到1 561.83 $\times 10^4$ 人，比上年年末增加2.23 $\times 10^4$ 人。其中，外来人口为499.01 $\times 10^4$ 人，占全市常住人口的32.0%。常住人口中，城镇人口为1 303.82 $\times 10^4$ 人，城镇化率为83.48%；常住人口出生率为6.73‰，死亡率为5.30‰，自然增长率为1.43‰，2019年年末全市户籍人口为1 108.18 $\times 10^4$ 人。

5.2.1 经济发展现状

5.2.1.1 经济增长趋势

随着京津冀协调发展作为国家战略的开展，天津市明确了“全国先进制造研发基地、北方国际航运核心区、金融创新运营示范区、改革开放先行区”的“一基地三区”定位[128]。目前，天津市经济的发展正处于自贸区等五大国家战略的相互叠加时期。2000—2018年，天津市全市生产总值呈持续增长状态（见图5.1）。2000年全市GDP为1 701.88 $\times 10^8$ 元，2018年已增加至18 809.64 $\times 10^8$ 元，且总体较高。其中，2000—2002年GDP增速较缓，年均增速为12.42%；2003—2011年GDP增长速度波动较大，2008年GDP增速最快，增速为27.97%；2012年以后增速逐渐下降，2015年增速降至5.20%，但增速仍保持正值，但2019年增速转为负值，为 −25.02%。

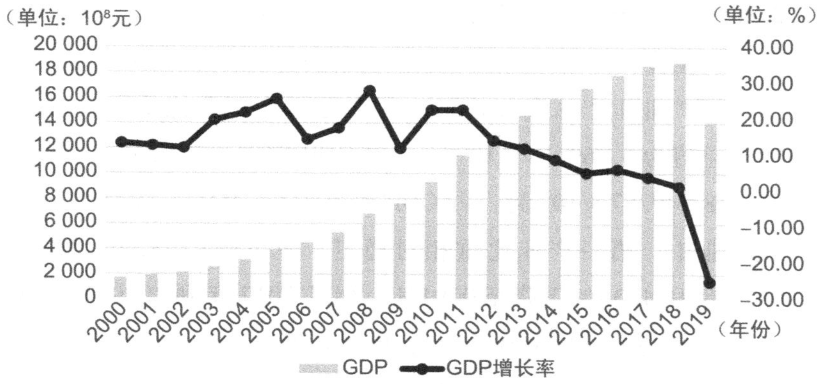

图 5.1　2000—2019 年天津市地区 GDP 及增速变化情况

人口是推动区域发展的重要因素。2000—2019 年天津市常住人口整体呈增加趋势（见图 5.2）。其中，2000—2005 年天津市常住人口增长趋势较缓，呈平稳状态；2006—2010 年常住人口增速不断上升，2010 年常住人口增速最快，为 5.79%；2011 年后常住人口增速不断降低，除 2017 年出现人口负增长外，其余年份人口增长速度均为正值，至 2019 年常住人口增至 1 561.83 $\times 10^4$ 人。天津市人均 GDP 与常住人口变化趋势相似。2000—2018 年天津市人均 GDP 整体呈逐年上升趋势，2019 年人均 GDP 有所下降。2000—2019 年人均 GDP 年均增长 9.19%。其中，2000—2011 年天津市人均 GDP 增速较快，年均增速为 15.71%，2012—2018 年增速放缓，年均增速为 4.50%，2019 年增速下降。

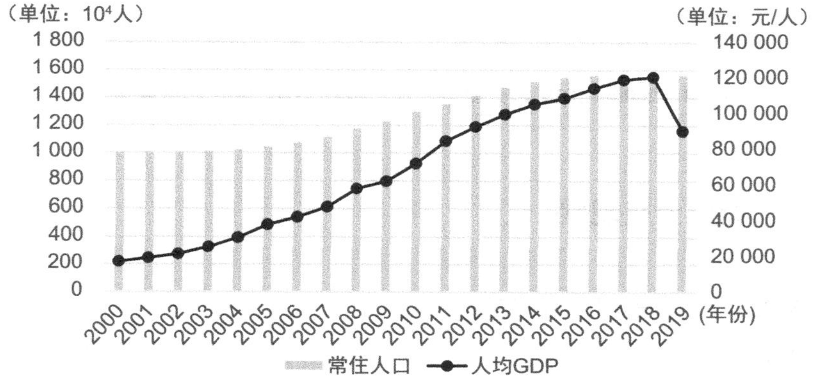

图 5.2　2000—2019 年天津市常住人口及人均 GDP 变化情况

5.2.1.2 产业结构现状特征

随着城镇化步伐的加快，天津市产业结构不断调整升级（见图5.3）。2019年，第一产业生产总值为185.2×10^8元，占GDP比重为1.31%；第二产业生产总值为4 969.18×10^8元，占GDP比重为35.23%；第三产业生产总值为8 949.87×10^8元，占GDP比重为63.46%。从图5.3可以看出：三次产业中，第一产业比重相对稳定，呈下降趋势，从2000年到2017年，比例从4.33%下降至0.91%；但从2017年到2019年，第一产业比重呈上升趋势，比例从0.91%上升至1.31%；第二产业生产总值的比重从2000年50.76%下降至2019年的35.23%；第三产业生产总值的比重由2000年的44.91%上升至2019年的63.45%。三次产业结构由2000年的4.33∶50.76∶44.91逐渐演变为2019年的1.31∶35.23∶63.45，商业服务、交通、旅游、金融、信息服务业等第三产业蓬勃发展，经济保持平稳增长。

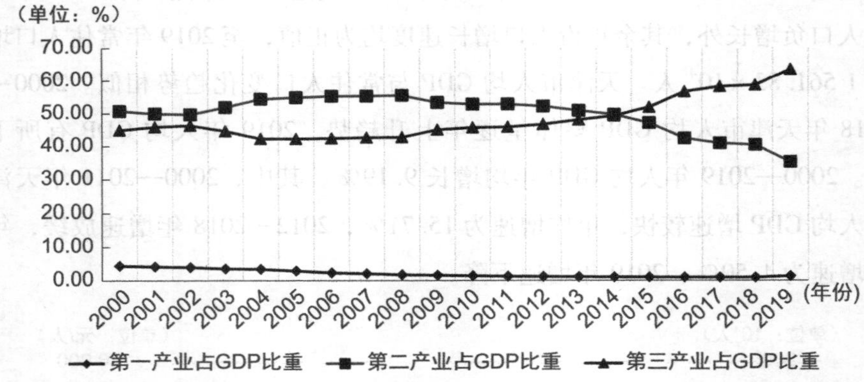

图5.3 2000—2019年天津市三次产业在GDP中的比重变化情况

5.2.2 能源消耗现状

5.2.2.1 各部门能源消耗现状

当前，是工业现代化的关键时期，工业经济的迅速发展致使能源需求越来越大，也必然带来碳排放量的增加[129]。为更加直观地分析天津市各产业能源消耗，将天津市碳排放总量分为农、林、牧、渔、水利业（以下简称农业部门），工业部门，建筑部门，交通运输、仓储和邮政业（以下简称交通运输部门），批发、零售业和住宿、餐饮业（以下简称批发零售部门）和其他部门6个部门[130]。选取原煤、洗精煤、焦炭、原油、汽油和煤油等12种主要能源品种，计算天津市主要能耗情况（见表5.1）。因2000—2010年天津市液化天然气量未统计，以及天津市液化石油气总体消耗量较小，且液化天然气与液化石油气折标煤系数、低位发热值及碳氧化率等较接近，所以在对天津市能源消耗及碳排放量测算时将天津市液化天然气并入液化石油气内计算。

表5.1　　　　不同能源折标煤系数

能源品种	折标煤系数	能源品种	折标煤系数
原煤	0.7143	柴油	1.4571
洗精煤	0.9000	燃料油	1.4286
焦炭	0.9714	液化石油气	1.7143
原油	1.4286	其他石油制品	1.4300
汽油	1.4714	天然气	13.3000
煤油	1.4714	液化天然气	1.7572

2000—2019年天津市工业部门、建筑业部门、交通运输业部门和其他部门能源消耗量整体不断增加。其中，工业部门能耗增加最大，2019年工业部门总体能耗为2 159.09 $\times 10^4$ 吨标准煤，比2000年增加1 194.06 $\times 10^4$ 吨标准煤；交通运输部门和建筑业部门能耗量2019年较2000年分别增加206.90 $\times 10^4$ 吨标准煤和142.66 $\times 10^4$ 吨标准煤，且建筑业部门在6个行业中增长比例最大，2000年建筑业部门能源消耗总量为29.63 $\times 10^4$ 吨标准煤，2019年增加至172.29 $\times 10^4$ 吨标准煤，年均增长11.18%；2000年农业部门能耗量为33.88 $\times 10^4$ 吨标准煤，2013年骤减之后缓慢上升，2019年农业部门能耗量达到52.79 $\times 10^4$ 吨标准煤；2000年批发零售业部门耗能为155.13 $\times 10^4$ 吨标准煤，2019年批发零售业部门耗能较2000年下降了2%，为6个行业中耗能减少最少的行业；2000年其他

行业能耗量为 164.88×10⁴ 吨标准煤，2001 年骤降至 73.14×10⁴ 吨标准煤，在 2001—2016 年缓慢上升，至 2019 年达到 161.15×10⁴ 吨标准煤（见表 5.2）。

表 5.2　天津市分部门能源消耗情况　单位：10^4 吨标准煤

年份	农业部门	工业部门	建筑业部门	交通运输业部门	批发零售业部门	其他部门	能耗总量
2000	33.88	965.03	29.63	224.03	155.13	164.88	1572.58
2001	45.84	998.43	28.70	227.17	194.16	73.14	1567.44
2002	47.25	1182.73	18.03	244.87	164.33	58.81	1716.02
2003	31.49	1162.26	14.47	324.00	120.62	70.15	1722.99
2004	35.71	1320.72	30.81	312.90	197.08	83.17	1980.39
2005	41.94	1337.56	37.64	312.86	207.44	68.09	2005.53
2006	41.02	1532.53	43.50	323.16	210.90	71.73	2222.84
2007	42.89	1695.31	50.94	317.55	228.92	80.13	2415.74
2008	42.30	1895.83	115.81	355.05	109.64	121.62	2640.25
2009	46.33	2041.67	108.91	383.90	125.43	131.21	2837.45
2010	50.95	1870.73	133.40	417.12	144.10	138.24	2754.54
2011	56.26	2093.13	152.60	443.27	146.91	137.73	3029.90
2012	61.81	2358.29	162.96	459.74	165.44	153.39	3361.63
2013	52.68	2480.27	164.79	381.28	121.06	154.48	3354.56
2014	53.52	2551.87	170.99	562.74	130.20	158.45	3627.77
2015	57.68	2522.62	183.59	399.53	140.33	174.62	3478.37
2016	61.35	2361.41	201.07	405.34	154.59	192.46	3376.22
2017	59.75	2141.72	191.38	412.51	157.34	176.85	3139.55
2018	59.31	1721.80	168.77	391.28	45.73	126.92	2513.81
2019	52.79	2159.09	172.29	430.93	152.01	161.15	3128.26

近年来，由于“一基地三区”战略的推进，天津市能源消耗总量整体呈上升趋势[131]（见图 5.4），且其增速变化幅度较大。其中，2009 年能源消耗总量为 2 837.44×10⁴ 吨标准煤，较 2000 年增长 80.43%，2009 年以后能耗总量波动增长，2016 年能源消耗量为 3 376.23×10⁴ 吨标准煤，2019 年能源消耗量则降为 3 128.26×10⁴ 吨标准煤。2000—2019 年天津市

能源消耗增速呈波动趋势，在 2004 年达到 14.94%，之后整体呈下降趋势，至 2010 年降至 -2.92%；此后开始上升，2012 年增至 10.95%。整体上，天津市能源消耗总量在 2000—2009 年增长速度较快，年均增长 6.78%，2012—2018 年增长速率较慢，2018 年增长速率降至 -19.93%，在 2019 年增长速度加快，增长速度达到 24.44%。

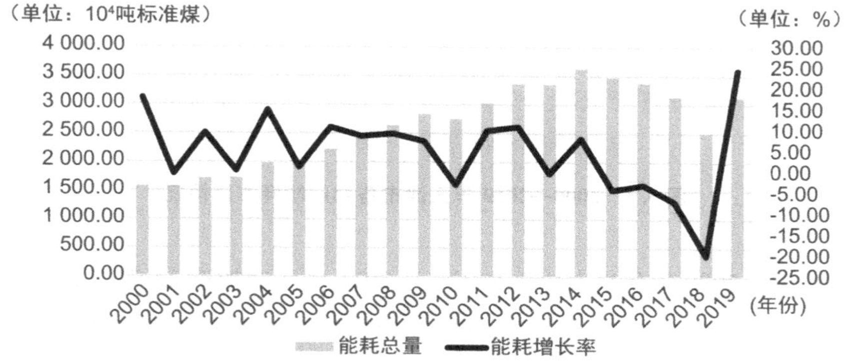

图 5.4　2000—2019 年天津市能源消耗量变化情况

为统计方便，选取天津市农业、工业、交通运输业等 6 个部门进行分析，对比各部门的能耗占比情况（见图 5.5），工业部门能耗量占比最大，2000 年工业部门能耗占比为 61.37%，2019 年增加至 69.02%，其占比始终保持在 60% 以上，且整体呈增加趋势，在各部门中增幅最大，增速最快；交通运输业部门占比次之，农业部门占比最小，始终维持在 3% 以内，且整体呈下降趋势；建筑业部门能耗占比变化较大，2000 年建筑业部门能耗占比为 1.88%，2019 年已增加至 5.51%，年均增长 5.81%；批发零售业部门能耗占比整体呈下降趋势，2000—2007 年能耗占比略有上升，2007 年能耗占比为 9.48%，2008 年占比骤降至 4.15%，之后均保持在 4% 左右，2000—2019 年批发零售业部门能耗占比年均增长率为 -3.66%。

统计天津市 2000—2019 年能源品种消耗量（见表 5.3）可发现，其中原煤消耗量占比最大，但呈逐年下降趋势，2000 年原煤占比为 45.69%，2019 年占比下降至 10.75%，年均下降 7.33%；2000—2019 年焦炭占比量

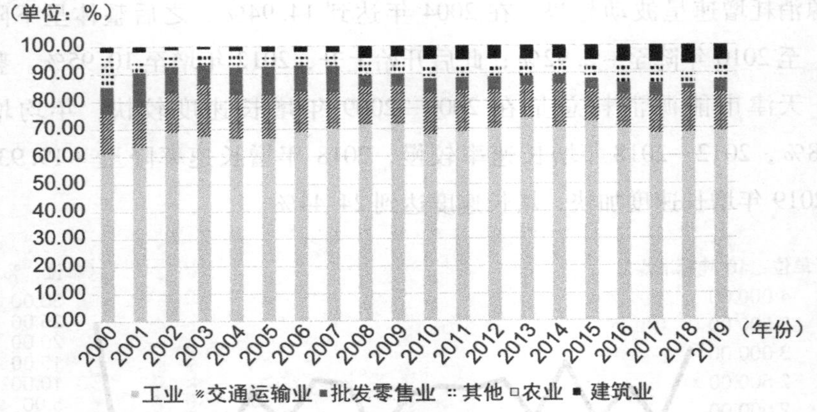

图 5.5　2000—2019 年天津市各部门能耗占比情况

不断上升，2000 年焦炭占比为 8.73%，2011 年已增加至 22.71%，自此开始持续超过原煤占比量，成为天津市能源消耗中占比最大的能源，2018 年占比量增加至 33.51%，2019 年占比量降至 27.92%；原油消耗量占比整体呈下降趋势，由 2000 年的 1.94% 下降至 2019 年的 0.44%，年均下降 7.46%；天然气占比不断上升，由 2000 年的 1.51% 增加至 2019 年的 18.78%，年均增长 14.17%，增长速度最快。

能源强度体现了能源利用的经济效益，是用于对比不同地区能源综合利用效率最常用的指标之一。2000—2018 年，天津市能源强度整体呈不断下降趋势（见图 5.6）；2000 年天津市能源强度为 0.92 吨/10^4 元，至 2018 年已下降至 0.13 吨/10^4 元；然而，在 2019 年，能源强度整体上升为 0.22 吨/10^4 元。其中，2000—2012 年下降速率较快，年均下降 10.12%，2012—2015 年下降速率较慢，年均下降 6.92%，但仍继续保持下降趋势。由此可见，天津市在节能减排方面已取得显著成效。2011—2014 年，天津市万家企业已经累计实现 650×10^4 吨标准煤的节能量，且依据 2019 年 80 家重点用能单位提交的能源审计报告，大约可节能万吨标准煤，天津市各重点企业集团、中央驻津单位在节能目标考核中均取得较好的考核结果，但是在能源利用方面仍需调整和优化能源结构。

表 5.3　　2000—2019 年天津市能源消耗占比情况

单位：%

年份 / 能源品种	2000	2001	2002	2003	2004	2005	2006	2007	2008	2009	2010	2011	2012	2013	2014	2015	2016	2017	2018	2019
原煤	45.69	44.87	36.59	35.85	34.12	31.68	27.06	26.59	24.30	22.15	24.11	22.59	21.39	22.22	19.45	17.83	16.50	13.08	13.90	10.75
洗精煤	0.77	0.64	3.02	3.16	2.28	4.11	4.99	4.10	3.11	3.41	3.52	3.52	2.98	2.06	2.27	2.07	0.00	0.00	0.00	0.00
焦炭	8.73	7.85	8.39	8.55	16.03	15.94	23.65	26.85	26.46	29.74	23.39	22.71	25.51	27.67	25.56	25.27	25.05	25.02	33.51	27.92
原油	1.94	3.34	1.99	7.99	1.56	1.67	0.99	0.72	1.03	0.85	1.07	0.91	0.47	0.50	0.43	0.43	0.41	0.43	0.56	0.44
汽油	9.90	9.65	7.48	2.65	7.47	7.12	6.89	6.77	5.80	5.70	6.02	5.62	5.28	3.83	3.56	4.02	3.90	4.08	4.75	4.00
煤油	1.76	1.07	1.34	11.97	1.12	1.11	1.08	1.18	1.01	1.07	1.14	1.19	1.29	2.46	2.43	2.78	3.57	4.76	6.37	5.20
柴油	18.14	16.82	15.23	8.22	16.22	17.26	15.80	14.85	15.11	14.63	16.64	16.50	15.58	13.67	12.91	14.14	15.35	15.76	18.08	14.06
燃料油	7.13	7.75	7.39	4.67	8.10	7.91	6.79	5.22	4.84	4.72	4.58	4.60	3.52	2.08	2.18	2.11	1.91	1.83	2.65	2.28
液化石油气	1.30	2.72	2.48	0.48	0.51	0.85	0.66	0.68	0.69	0.68	2.07	2.78	2.72	2.18	6.50	2.29	1.98	2.71	4.37	3.83
其他石油制品	3.13	3.40	14.47	11.83	9.18	8.73	8.06	7.76	11.73	10.96	9.11	11.28	11.97	12.44	13.52	15.76	16.92	16.67	15.80	12.74
天然气	1.51	1.89	1.62	4.62	3.40	3.61	4.03	5.29	5.93	6.09	8.36	8.30	9.31	10.89	11.21	13.31	14.41	15.67	0.00	18.78

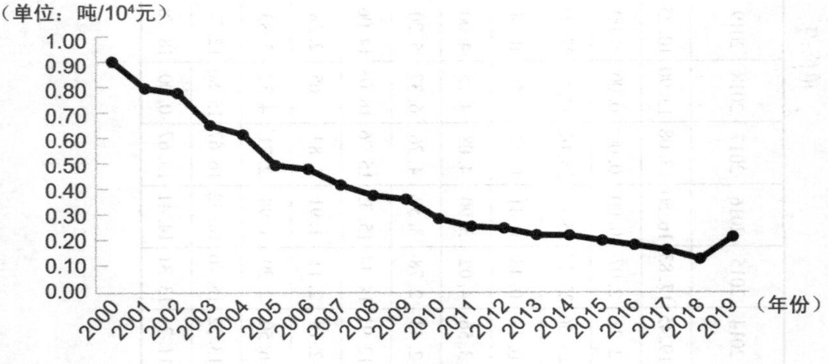

图 5.6　2000—2019 年天津市能源强度变化情况

5.2.2.2　工业分行业能源消耗现状

采用历年《天津市统计年鉴》中涉及的工业部门，从 36 个行业中选出数据较完整的 32 个行业[132-133]，煤炭开采和洗选业、有色金属矿采选业、开采辅助活动以及烟草制造业 4 个行业因其能源消耗量小且数据不完善而不计入本次研究。另外，由于每年的统计年鉴中所涉及行业名称稍有不同，部分行业进行调整，其中，2000—2011 年的橡胶和塑料制品业数据是由橡胶制造业和塑料制造业的数据相加，2012—2019 年的橡胶和塑料制品业是统计年鉴数据；2012—2019 年的交通运输设备制造业由汽车制造业和铁路、船舶、航空航天和其他运输设备制造业相加所得，其他年份来自统计年鉴；其他制造业与工艺品及其他制造业视作同一行业；通用设备制造业与普通机械制造业视作同一行业。为了便于观察，根据国民经济行业分类（GB/T 4754—2017）[134]，将 32 个工业行业分别用代码表示，行业名称及代码见本书附录 1。

考虑到数据的可得性以及与前文各行业能源品种的匹配性，选取工业各行业中消耗量较大的 8 种能源，分别为原煤、焦炭、原油、汽油、柴油、燃料油、天然气及其他石油制品（见表 5.4）。

随着经济的快速发展，能源需求必然越来越大，当前正是工业现代化的关键时期，工业经济的迅速发展，必然带来碳排放量的增加。至 2019 年年底，天津市能源终端消耗量为 8 621.29 × 10^4 吨标准煤，其中第二产业能源终端消耗为 5 538.91 × 10^4 吨标准煤。天津市主要能源消耗种类是煤炭、原油及电力，2019 年能源消耗合计 8 240.70 × 10^4 吨标准煤。其中，煤炭消耗总量为 3 766.11 × 10^4 吨标准煤，占总体能源消耗的 45.70%，较 2018 年的 48% 有所下降；原油消耗量为 1 693.35 × 10^4 吨标准煤，占能源消耗总量的 20.55%，较 2018 年的 21.17% 有所下降；电力能源消耗为 964.30 × 10^8 千瓦・时，占能源消耗总量的 11.70%，较 2018 年的 11.78% 略有减少。

表 5.4　　不同能源折标煤系数

能源品种	折标煤系数（吨标准煤）
原煤	0.7143
焦炭	0.9714
原油	1.4286
汽油	1.4714
柴油	1.4571
燃料油	1.4286
其他石油制品	1.4300
天然气	13.300

天津市 2000—2019 年能源终端消耗整体处于增长状态，自 2000 年的 778.73 × 10^4 吨标准煤增长至 2019 年的 1 845.8 × 10^4 吨标准煤。工业方面，天津市工业能源消耗量也处于不断增长状态，且增长趋势类似于天津市总体能源终端消耗情况。由 2000 年的 1 776.94 × 10^4 吨标准煤增长至 2019 年的 5 304.75 × 10^4 吨标准煤，其中 2000—2014 年呈持续增长状态，2010 年增长最快，较 2009 年增长 17.07%，2014 年为 5 768.23 × 10^4 吨标准煤，达到顶峰，之后有所回落后，在 2018 年开始上升（见图 5.7）。

2000—2019 年，天津市工业主要能源消耗为煤炭和焦炭，两种能源使用比例占总体能源消耗的 80% 以上（见表 5.5）。其中，煤炭消耗量大多数年份占比最大，但纵向来看呈逐渐减少的趋势，自 2000 年的 69.48% 减少至 2019 年的 36.18%，焦炭使用比例逐渐增加，由 2000 年的 17.95% 上升至 2019 年的 58.94%，天然气的使用比例逐渐攀升，由 2000 年的

0.18%上升至2019年的2.01%，标志着天津市能源消耗结构有所改善，原油、汽油、柴油和燃料油的使用比例略有下降。

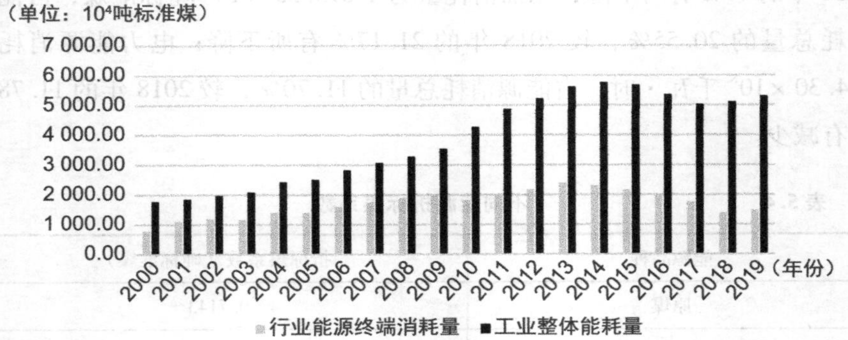

图5.7　2000—2019年天津市能源消耗情况

天津市2000—2019年的能源消耗强度（万元GDP能耗）整体逐渐降低，自2000年的0.46吨/10^4元下降至2019年的0.11吨/10^4元（见图5.8），其中2004—2010年，能源强度减小速度加快，2010—2018年年均减少率为1.51%，然而，在2019年，能源强度有所上升，并且可以预见在未来一定时间内，天津市能源强度可能继续上升。

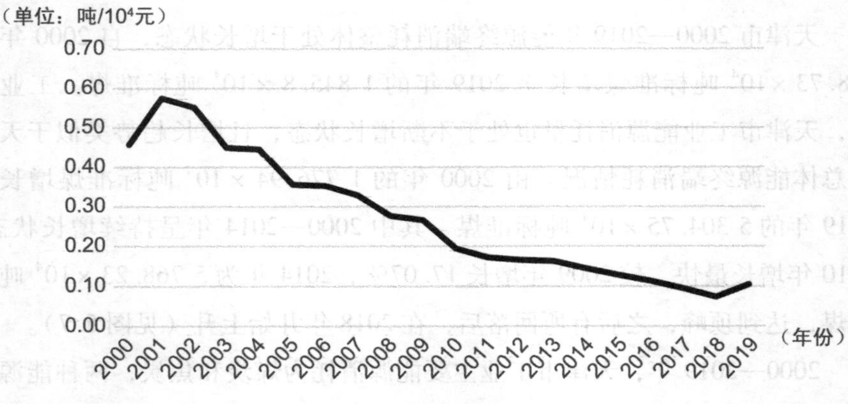

图5.8　2000—2019年天津市能源消耗强度

表5.5 **2000—2019年天津市工业能源消耗占比情况** 单位:%

能源品种＼年份	2000	2001	2002	2003	2004	2005	2006	2007	2008	2009	2010	2011	2012	2013	2014	2015	2016	2017	2018	2019
煤炭	69.48	72.77	63.08	66.05	59.49	59.64	51.65	49.00	44.65	41.33	48.55	47.51	44.38	43.98	41.30	37.44	34.24	30.82	34.65	36.18
焦炭	17.95	11.48	12.50	12.14	23.38	23.45	33.96	38.22	38.21	42.86	36.52	35.10	39.74	38.94	39.95	40.42	41.54	44.56	60.46	58.94
原油	2.74	3.32	2.01	1.06	1.55	1.67	0.98	0.69	1.01	0.84	1.13	0.98	0.51	0.49	0.47	0.48	0.48	0.54	0.71	0.65
汽油	1.02	1.28	1.17	1.21	0.78	0.67	0.61	0.54	0.69	0.61	0.63	0.58	0.50	0.48	0.45	0.58	0.45	0.37	0.41	0.40
柴油	2.53	2.17	2.45	2.51	1.68	1.72	1.67	1.58	2.19	2.14	2.29	2.47	1.05	1.80	1.93	1.81	1.94	1.02	1.00	0.78
燃料油	5.77	5.66	4.14	4.56	3.79	3.84	3.02	2.11	1.36	1.06	0.51	0.50	0.13	0.06	0.14	0.37	0.36	0.50	0.88	1.03
天然气	0.18	0.14	0.10	0.21	0.28	0.28	0.31	0.40	0.47	0.45	0.70	0.74	0.74	0.78	0.90	1.15	1.25	1.37	1.89	2.01
其他石油制品	0.33	3.18	14.55	12.27	9.05	8.73	7.80	7.46	11.43	10.71	9.66	12.13	12.95	13.46	14.85	17.76	19.74	20.83	0.00	0.00

第 6 章

天津市碳排放时空格局变化分析

6.1 数据来源与计算方法

6.1.1 数据来源与处理说明

《IPCC 2006 年国家温室气体清单指南 2019 修订版》为国家级碳排放提供了测算标准，测算类别涵盖能源，工业过程和产品使用，农业、林业和其他土地利用，废弃物以及其他 5 个方面的内容[135]。基于 IPCC 清单编制法，结合研究区域现状特点，本书对农业、林业和其他土地利用与能源两个层面的碳排放进行了统计研究。

土地利用碳排放，采用天津市 2000 年、2010 年与 2019 年 Landsat TM 影像，通过监督分类、目视解译与实地调研相结合的方法获得土地利用数据。结合《土地利用现状分类》国家标准（GB/T21010—2017）[136]与研究区的土地利用特点，将研究区划分为耕地、林地、草地、建设用地、水域、盐田和未利用地 7 种类型。能源碳排放所需能耗数据来源于历年《中国能源统计年鉴》，经济数据及碳排放计算所需要的天津市工业分行业终端能源消费量来源于 2001—2020 年《天津市统计年鉴》，各类能源折标煤系数、低位发热值来源于 2000—2019 年《中国能源统计年鉴》和 2000—2019 年《能源统计报表制度》，各类能源单位热值含碳量、碳氧化率等数据来源于《省级温室气体清单编制指南》。碳排放系数是由 IPCC 提供的各能源种类单位热值燃料含碳量、各能源类型的燃烧氧化率计算得出。

6.1.2 土地利用碳排放计算

国内已有诸多研究人员运用碳排放系数法进行了省区级的土地利用碳排放效应研究[11]，故本书拟采用碳排放系数法对天津市土地利用碳排放进行测算。

碳排放测算模型为：

$$E = \sum e_i = \sum A_i \times f_i \tag{6.1}$$

其中，E 代表碳排放总量，单位为 10^4 吨；e_i 代表第 i 种土地利用类型产生的碳排放（吸收）量，单位为 10^4 吨；A_i 代表第 i 种土地利用类型面积，单位为公顷；f_i 代表第 i 种土地利用方式的碳排放（吸收）系数。

农田生态系统兼具碳源效应与碳汇效应，因此，耕地的碳排放系数可根据农业生产的二氧化碳排放系数及其对二氧化碳的吸收系数计算，取两者差值即可。建设用地承载着诸多的人类生产和生活活动，消耗大量能源，仅利用其面积进行该地类碳排放测算会产生些许偏差，故本书依据统一标准，运用选取的 11 种能源的碳排放系数对建设用地碳排放进行综合测算。各种土地利用类型的碳排放系数如表 6.1 所示。

表 6.1　不同土地类型碳排放系数

名称	数据来源	碳排放系数	单位
耕地	Cai Zu - Cong 等（2005）、何勇等（2006）	0.0497	千克/平方米·年
林地	方精云等（2007）	-0.0581	千克/平方米·年
草地	方精云等（2007）	-0.0021	千克/平方米·年
建设用地	赖力（2010）	5.5603	千克/平方米·年
水域	赖力（2010）	-0.0315	千克/平方米·年
盐田	赖力（2010）	-0.0315	千克/平方米·年
未利用地	赖力（2010）	-0.0005	千克/平方米·年

注：负值表示碳汇型土地利用方式；正值表示碳源型土地利用方式。

6.1.3 能源碳排放计算

采用 IPCC 温室气体排放清单指南[137]中提供的方法测算天津市分部门碳排放、工业分行业碳排放的情况。具体计算公式如下：

$$C_{in} = E_{ijn} \times F_i \times G_j \tag{6.2}$$

其中，$i = 1, 2, \cdots, 32$，表示第 i 个行业；$n = 1998, 1999, \cdots, 2013$，表示第 n 年；$j = 1, 2, \cdots, 8$，表示能源种类；C_{in} 表示第 n 年第 i

个行业的碳排放量（10^4 吨）；E_{ijn}表示第 n 年第 i 个行业第 j 种能源的终端消耗量（10^4 吨）；F_j 表示 j 能源的折标准煤系数；G_j 表示 j 能源的碳排放系数（标准煤）。各项参数如表 6.2 所示。

表 6.2　不同能源碳排放计量参数

能源品种	碳排放系数（千克碳/千克标准煤）	碳排放综合系数
原煤	0.7559	0.5399
焦炭	0.8550	0.8305
原油	0.5857	0.8367
汽油	0.5538	0.8149
柴油	0.5921	0.8627
燃料油	0.6185	0.8836
其他石油制品	0.5857	0.7029
天然气	0.4483	0.5962

6.2　基于土地利用/覆被变化的碳排放时空格局分析

根据天津市 2000—2019 年土地利用现状数据及 2000—2019 年天津市能源消耗数据测算得出天津市不同土地利用方式的碳排放量，数据涉及对碳排放影响较大的土地利用方式和类型，主要包括耕地、林地、草地、建筑用地、水域、盐田和未利用地。

6.2.1　天津市土地利用变化

6.2.1.1　土地利用分类

参照国内外现有的土地利用/覆被分类体系，结合信息源状态对天津市土地利用分为耕地、林地、草地、建设用地、水域、盐田和未利用地 7 大类，各地类分类依据如表 6.3 所示。

表 6.3 土地利用类型分类

代码	名称	定义
1	耕地	指种植农作物的土地，包括熟耕地、新开荒地、休闲地、轮歇地、草田轮作地；以种植农作物为主的农果、农桑、农林用地；耕种3年以上的滩地和滩涂
		Ⅰ. 指有水源保证和灌溉设施，在一般年景能正常灌溉，用以种植水稻、莲藕等水生农作物的耕地，包括实行水稻和旱地作物轮种的耕地
		Ⅱ. 指无灌溉水源及设施，靠天然降水生长作物的耕地；有水源和浇灌设施，在一般年景下能正常灌溉的旱作物耕地；以种菜为主的耕地，正常轮作的休闲地和轮歇地
2	林地	指生长乔木、灌木、竹类以及沿海红树林地等林业用地
		Ⅰ. 指郁闭度大于30%的天然林和人工林，包括用材林、经济林、防护林等成片林地
		Ⅱ. 指郁闭度大于40%、高度在2米以下的矮林地和灌丛林地
		Ⅲ. 指疏林地（郁闭度为10%—30%）
		Ⅳ. 指未成林造林地、迹地、苗圃、果园等各类园地
3	草地	指以生长草本植物为主，覆盖度在5%以上的各类草地，包括以牧业为主的灌丛草地和郁闭度在10%以下的疏林草地
		Ⅰ. 指覆盖度大于50%的天然草地、改良草地和割草地，此类草地一般水分条件较好，草被生长茂密
		Ⅱ. 指覆盖度为20%—50%的天然草地和改良草地，此类草地一般水分不足，草被较稀疏
		Ⅲ. 指覆盖度为5%—20%的天然草地，此类草地水分缺乏，草被稀疏，牧业利用条件差
4	建设用地	指城乡居民点及县镇以外的工矿、交通等用地
		Ⅰ. 指大、中、小城市及县镇以上建成区用地
		Ⅱ. 指农村居民点
		Ⅲ. 指独立于城镇以外的厂矿、大型工业区、油田、盐场、采石场等用地，交通道路、机场及特殊用地

续表

代码	名称	定义
5	水域	指天然陆地水域和水利设施用地
		Ⅰ. 指天然形成或人工开挖的河流及主干渠常年水位线以下的土地，人工渠包括堤岸
		Ⅱ. 指天然形成的积水区常年水位线以下的土地
		Ⅲ. 指人工修建的蓄水区常年水位线以下的土地
		Ⅳ. 指沿海大潮高潮位与低潮位之间的潮侵地带
		Ⅴ. 指河、湖水域平水期水位与洪水期水位之间的土地
6	盐田	指用于生产盐的土地，包括晒盐场所、盐池及附属设施用地
7	未利用地	指目前还未利用的土地，包括难利用的土地
		Ⅰ. 指地表和山体土质覆盖，植被覆盖度在 5% 以下的土地和山坡
		Ⅱ. 指山体裸露岩石或石砾，植被覆盖度小于 5% 的土地

6.2.1.2　土地利用变化特征研究

目前，土地利用/覆被变化的研究未停留在国家层面，对某一区域的土地利用/覆被变化研究也在不断深入和加强，土地利用类型的变化速度和程度受人类活动的影响较大，在变化中趋于边界清晰的状态。本书主要从土地利用面积变化和结构变化两个方面展开分析。

（1）土地利用面积变化分析

土地利用类型面积变化分析是进行土地利用碳排放变化研究的基础。根据得到的三期土地利用分类结果，分析研究区 2000 年、2010 年以及 2019 年不同土地利用类型的面积和比例变化，如表 6.4 所示。

表 6.4　2000 年、2010 年和 2019 年天津市不同土地利用类型面积及比例

土地利用类型	2000 年土地利用面积（公顷）	比例（%）	2010 年土地利用面积（公顷）	比例（%）	2019 年土地利用面积（公顷）	比例（%）
耕地	676 615.04	58.10	612 309.14	52.58	566 705.41	48.66
林地	43 419.37	3.73	43 419.37	3.73	62 396.20	5.36
草地	13 328.76	1.15	13 095.85	1.12	22 033.59	1.89
建设用地	207 869.66	17.85	276 577.89	23.75	332 336.38	28.54
水域	164 014.71	14.08	163 056.45	14.00	137 980.16	11.85

续表

土地利用类型	2000 年土地利用面积（公顷）	比例（%）	2010 年土地利用面积（公顷）	比例（%）	2019 年土地利用面积（公顷）	比例（%）
盐田	42 084.97	3.61	41 084.97	3.53	35 084.97	3.01
未利用地	17 244.84	1.48	15 033.68	1.29	8 040.64	0.69
合计	1 164 577.35	100.00	1 164 577.35	100.00	1 164 577.35	100.00

2000—2019 年，天津市在城镇化和国家发展战略的支撑下建设用地、耕地面积变化突出，耕地面积在研究区土地总量中处于主体地位，但耕地面积一直呈逐渐减少趋势，2000—2019 年耕地面积由 676 615.04 公顷减少到 566 705.41 公顷，减少了 109 909.63 公顷，占总面积比例由 58.10% 减少到 48.66%。2000—2019 年林地、草地、建设用地呈增加趋势，林地面积增加了 18 976.83 公顷，草地面积增加了 8 704.83 公顷，建设用地面积由 2000 年的 207 869.66 公顷增加至 2019 年的 332 336.38 公顷。而水域、未利用地及盐田面积有所减少，水域面积由 2000 年占比 14.08% 减少至 2019 年的 11.85%，未利用地面积比例 2000 年为 1.48%，2019 年下降至 0.69%，盐田面积占比则由 3.61% 降至 3.01%。

（2）土地利用动态变化分析

土地利用动态度从定量分析的角度阐明土地利用变化的幅度和速度[138]，对比较土地利用变化差异和预测未来土地利用变化趋势作用明显[139]。单一土地利用动态度是反映某研究区一定时间范围内某种土地利用类型的数量变化情况[140]，计算公式为：

$$K = \frac{U_b - U_a}{U_a} \times \frac{1}{T} \times 100\% \tag{6.3}$$

其中，K 为研究时间段内区域某一种土地利用类型的动态度；U_a、U_b 分别为某一种土地利用类型在研究期初及研究期末的面积；T 为研究时长，假设 T 的单位时段为年时，K 的值即为该研究区内某一类型土地利用的年变化率。

2000—2019 年天津市各土地利用类型变化及其单一动态度结果如表 6.5 所示。从不同土地利用类型的动态度来看，2000—2019 年用地类型单一动态度最大的是草地，草地在2019年所占面积比2000年多8 704.83公顷，单一动态度为3.84%；其次为建设用地，单一动态度为3.52%；林地面积2019年比2000年增加18 976.83公顷，水域面积2019年比2000年减少26 034.55公顷，单一动态度分别为2.57%和-0.93%。从不同时期土地利用类型的变化量来看，各地类变化较为显著的是2000—2010年的建设用地，面积增加68 708.23公顷。从单一动态度来看，土地利用类型变化较为明显的是2010—2019年，其单一动态度快慢依次为：草地（9.75%）、未利用地（-6.65%）、林地（6.24%）、建设用地（2.88%）、水域（-2.20%）、盐田（-2.09%）、耕地（-1.06%）。

表6.5　　2000—2019年天津市土地利用类型变化及其单一动态度

土地利用类型	2000—2010年		2010—2019年		2000—2019年	
	变化面积（公顷）	单一动态度（%）	变化面积（公顷）	单一动态度（%）	变化面积（公顷）	单一动态度（%）
耕地	-64 305.90	-0.95	-45 603.73	-1.06	-109 909.63	-0.96
林地	0.00	0.00	18 976.83	6.24	18 976.83	2.57
草地	-232.91	-0.17	8 937.74	9.75	8 704.83	3.84
建设用地	68 708.23	3.31	55 758.49	2.88	124 466.72	3.52
水域	-958.26	-0.06	-25 076.29	-2.20	-26 034.55	-0.93
盐田	-1 000.00	-0.24	-6 000.00	-2.09	-7 000.00	-0.98
未利用地	-2 211.16	-1.28	-6 993.04	-6.65	-9 204.20	-3.14

基于Arc GIS10.2对3期数据分别进行两两叠加，得到2000—2010年、2010—2019年、2000—2019年的土地利用变化转移矩阵。根据转移矩阵，能明确得到研究期间每种土地利用类型向其他4种土地利用类型的具体转换数据和转换关系[141]。

土地利用转移矩阵能够描述各种土地利用类型之间的转换情况，它不仅可以反映研究期初、研究期末的土地利用类型结构，同时还可以反映研究时段内各土地利用类型的转移变化情况[142]，用来刻画区域土地利用变化方向以及研究期末各土地利用类型的来源与构成[143]。转移矩阵中的变量为土地利用类型面积，基于此生成区域土地利用变化的转移概率矩阵，从而来推测一些特定情景下区域土地利用的变化趋势。其数学形式为：

$$S_{ij}=\begin{bmatrix} S_{11} & S_{12} & S_{13} & \cdots & S_{1n} \\ S_{21} & S_{22} & S_{23} & \cdots & S_{2n} \\ S_{31} & S_{32} & S_{33} & \cdots & S_{3n} \\ \vdots & \vdots & \vdots & \vdots & \vdots \\ S_{n1} & S_{n2} & S_{n3} & \cdots & S_{nn} \end{bmatrix} \tag{6.4}$$

其中，S 为土地面积；n 为土地利用的类型数；i、j 分别为研究期初与研究期末的土地利用类型。

基于 GIS 软件平台，获取不同时段土地利用转移矩阵。可以看出，2000—2019 年，天津市各土地利用类型发生了较明显的相互转化，其中变化量较大的主要是耕地和建设用地。

从不同的时段来看：2000—2010 年（见表 6.6），草地转出面积为 2 451.81公顷，主要转化为建设用地。耕地转出面积为62 693.18 公顷，其中99.83%的耕地转化为了建设用地，0.17%的耕地转化为未利用地。建设用地转入面积为68 863.45 公顷，90.89%来源于耕地，3.56%来源于草地，4.01%来源于未利用地和 1.54%来自于盐田。林地、水域变化不大，其中水域转出面积为11 669.17 公顷，转入面积为1 256.35 公顷，且全部为盐田。未利用地转出面积为 3 215.92 公顷，主要转为耕地和建设用地，转入面积为 1 004.84 公顷，主要由耕地、盐田转入。盐田转出面积为 3 214.61 公顷，其中建设用地占 33.05%、水域占 39.08%、未利用地占 27.86%，转入面积 11 669.17 公顷，且全部来自于水域。

2010—2019 年（见表 6.7），草地转化为其他土地类型的面积为 8 393.46 公顷，减少的草地主要转化为耕地与建设用地，分别为2 594.66 公顷、2 362.46 公顷；而耕地、建设用地、水域等转化为草地的高达 59 031.21 公顷，使得草地面积大量增加。林地与草地大致相同，减少的林地也主要转化为耕地与建设用地，面积为 7 176.38 公顷；同时，林地转入面积为 26 782.87 公顷，由此可以看出 2010—2019 年“还林还草”政策效果显著。另外，耕地和建设用地变化明显，其中转出为其他土地类型的面积分别为 109 390.32 公顷、72 749.23 公顷，转入面积分别为 61 586.59

公顷、91 219.39 公顷，耕地面积总的来说有所减少，建设用地仍呈增加趋势。2010—2019 年土地转换趋势差异明显的为水域和未利用地，其中转出为其他土地类型的面积分别为 76 330.47 公顷、14 837.89 公顷，转入面积分别为 28 528.41 公顷、2 957.56公顷，表明近年来随着人口的高速增长与城市扩张，资源环境压力增长，土地整治、土地整理成为天津市提高土地利用效率的主要手段。盐田转化为其他土地类型的面积为 13 302.41 公顷，减少的盐田主要转化为耕地与建设用地，而耕地、建设用地、水域、未利用地等转化为盐田的为 32 703.8 公顷，说明近年来土地整治效果有所明显。

表 6.6　2000—2010 年天津市各种土地利用类型转移矩阵　单位：公顷

土地利用类型	草地	耕地	建设用地	林地	水域	未利用地	盐田	总计
草地	10 895.85	0.00	2 451.81	0.00	0.00	0.00	0.00	13 347.66
耕地	0.00	613 921.86	62 587.06	0.00	0.00	106.12	0.00	676 615.04
建设用地	0.00	133.40	207 707.51	0.00	0.00	2.91	0.00	207 843.82
林地	0.00	0.00	0.00	43 419.37	0.00	0.00	0.00	43 419.37
水域	0.00	0.00	0.00	0.00	152 344.99	0.00	11 669.17	164 014.16
未利用地	0.00	453.88	2 762.04	0.00	0.00	14 028.94	0.00	17 244.86
盐田	0.00	0.00	1 062.54	0.00	1 256.35	895.72	38 870.91	42 085.52
总计	10 895.85	614 509.14	276 570.96	43 419.37	153 601.35	15 033.68	50 540.08	1 164 570.43

表 6.7　2010—2019 年天津市各种土地利用类型转移矩阵　单位：公顷

土地利用类型	草地	耕地	建设用地	林地	水域	未利用地	盐田	总计
草地	2 502.38	2 594.66	2 362.46	400.80	1 440.19	208.19	1 387.17	10 895.84
耕地	14 242.31	505 118.82	55 229.31	19 948.85	17 174.04	454.09	2 341.73	614 509.14
建设用地	21 585.59	34 019.03	203 828.66	4 128.23	7 876.53	1 257.00	3 882.86	276 577.89
林地	268.32	5 921.21	1 255.17	35 613.33	214.77	133.55	13.02	43 419.37
水域	21 869.78	16 316.02	13 398.67	2 234.08	77 270.87	903.30	21 608.62	153 601.34
未利用地	322.11	91.52	10 837.91	36.20	79.74	195.79	3 470.41	15 033.68
盐田	743.09	2 644.14	8 135.88	34.72	1 743.15	1.42	37 237.67	50 540.08
总计	61 533.59	566 705.41	295 048.05	62 396.20	105 799.28	3 153.35	69 941.47	1 164 577.35

6.2.2 基于 LUCC 的碳排放时空格局变化

6.2.2.1 土地利用类型的碳排放特征分析

根据天津市 2000—2019 年土地利用现状数据、碳排放相关系数，测算得出天津市不同土地利用方式的碳排放量（见表 6.8）。通过土地利用面积与相应的碳排放系数相乘，获得天津市 2000 年、2010 年和 2019 年碳排放空间格局。在此基础上，分析天津市土地利用碳排放分布格局，数据涉及的主要土地利用类型包括耕地、林地、草地、建设用地、水域、盐田、未利用地。其中，建设用地和耕地为碳源，林地、草地、水域、盐田和未利用地为碳汇。

表 6.8　2000—2019 年天津市土地利用碳排放量和比例

土地利用类型	2000 年碳排放量（吨）	比例（%）	2010 年碳排放量（吨）	比例（%）	2019 年碳排放量（吨）	比例（%）
耕地	33 627.77	0.03	30 431.76	0.02	28 165.26	0.02
林地	−2 522.67	0.00	−2 522.67	0.00	−3 625.22	0.00
草地	−27.99	0.00	−27.50	0.00	−46.27	0.00
建设用地	1 155 817.67	0.98	1 537 856.04	0.98	1 847 889.97	0.98
水域	−5 166.46	0.00	−5 136.28	0.00	−4 346.38	0.00
盐田	−1 325.68	0.00	−1 294.18	0.00	−1 105.18	0.00
未利用地	−8.62	0.00	−7.52	0.00	−4.02	0.00
合计	1 180 394.02	1.00	1 559 299.67	1.00	1 866 928.17	1.00

注：碳源为正，碳汇为负。

天津市土地利用碳排放量从 2000 年到 2010 年增加迅速，从 2000 年的 118.04×10^4 吨增加到了 2010 年的 155.93×10^4 吨，共增长了 24.45%；从 2010 年到 2019 年天津市碳排放量增长相对缓慢，截至 2019 年天津市土地利用碳排放量为 186.69×10^4 吨，一方面是因为建设用地面积在增长，另一方面林地、草地等碳汇面积在增加。

林地、草地等碳汇量都呈现上升的趋势，但是依然对碳排放的影响程度很低，主要原因为：在 7 种土地类型碳排放的过程中，建设用地碳排量占核心地位，其次是耕地的碳排放量，碳汇量远小于碳源量。建设用地是最大的碳源，耕地次之。水域是最大的碳汇，其次是林地，草地碳汇量仅低于林地居于第 3 位，在各碳汇土地利用类型中变化率均趋于平稳。

6.2.2.2　土地利用类型的碳排放强度分析

碳排放强度是指单位国内或地区生产总值的碳排放量，用研究期内的碳排放量与地区生产总值之比来表示，可反映国家或地区在经济发展的同时对减缓气候变化的贡献[144]。当该指标较大时，表示创造单位产值能源消耗碳排放量较多；相反，该指标较小时，表示创造单位产值能源消耗碳排放量较少。从理论上讲，单位 GDP 碳排放量越小越好，它从侧面反映了经济结构的合理性和经济发展中的科学技术水平[145]。

2000—2019 年，天津市经济水平飞速提升，生产总值由 1 701.88 $\times 10^8$ 元增到 14 104.28 $\times 10^8$ 元，增长约 8.3 倍，年均增长率为 35.27%；碳排放总量不断上涨，碳排放强度则呈现出剧烈的下降态势（见表 6.9 和图 6.1）

表 6.9　2000—2019 年天津市土地利用碳排放强度　单位：吨/10^8 元

土地利用类型	2000 年碳排放强度	2010 年碳排放强度	2019 年碳排放强度
耕地	19.76	3.26	2.00
林地	-1.48	-0.27	-0.26
草地	-0.02	0.00	0.00
建设用地	679.14	164.59	131.02
水域	-3.04	-0.55	-0.31
盐田	-0.78	-0.14	-0.08
未利用地	-0.01	0.00	0.00
合计	693.57	166.89	132.37

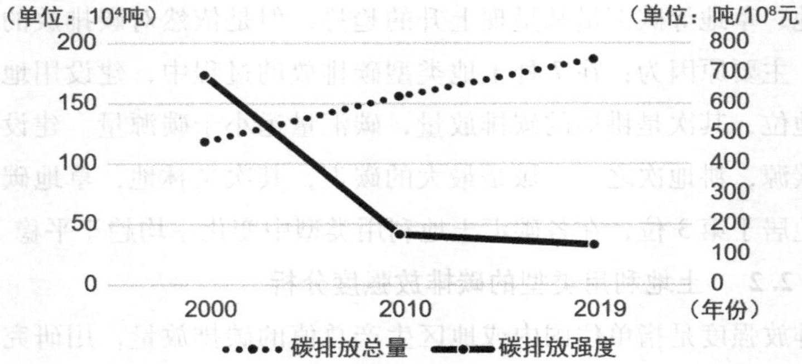

图 6.1　2000—2019 年天津市土地利用碳排放趋势

6.3　基于能源消耗的天津市碳排放

6.3.1　天津市能源碳排放

6.3.1.1　天津市整体碳排放特征

2000—2019 年天津市碳排放整体上呈增长趋势。2000 年天津市碳排放量为 3 736.71 $\times 10^4$ 吨，2019 年碳排放量为 7 091.31 $\times 10^4$ 吨，较 2000 年增长 3 354.60 $\times 10^4$ 吨。

2000—2019 年天津市碳排放增长率变化不稳定（见图 6.2），2000—2019 年碳排放增长率呈波浪状变化。2004 年天津市碳排放增长率达到峰值 17.96%，2017 年天津市碳排放增长率降至最低值 -7.99%，2019 年回升至 1.89%。

6.3.1.2　天津市分部门碳排放特征

将天津市碳排放分为农业、工业、建筑业、交通运输业、批发零售业和其他 6 个部门，并按照公式（6.1）进行碳排放测算，测算结果如表 6.10 所示。

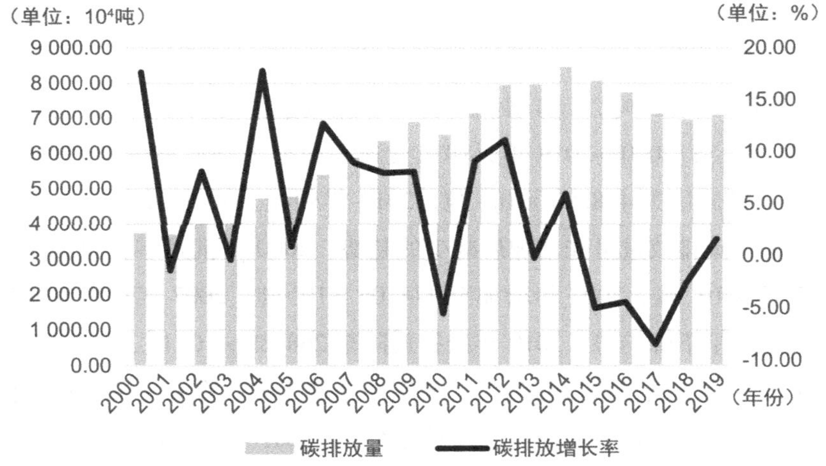

图 6.2　2000—2019 年天津市碳排放变化趋势

表 6.10　　2000—2019 年天津市 6 个部门碳排放量　　单位：10^4 吨

年份	农业	工业	建筑业	交通运输业	批发零售业	其他	总计
2000	76.43	2 396.46	67.36	478.93	325.67	391.86	3 736.71
2001	98.52	2 459.55	66.01	486.00	407.33	180.90	3 698.31
2002	103.66	2 855.24	43.36	524.56	345.70	133.88	4 006.40
2003	70.40	2 811.93	35.87	685.62	242.04	158.34	4 004.20
2004	79.01	3 286.98	76.68	668.85	419.12	188.68	4 719.32
2005	92.77	3 332.63	84.84	668.50	438.40	158.21	4 775.35
2006	91.60	3 903.99	97.76	690.61	441.47	164.72	5 390.15
2007	95.62	4 338.78	114.75	676.71	474.06	182.78	5 882.70
2008	94.83	4 766.55	248.11	758.22	221.75	273.14	6 362.60
2009	102.12	5 189.66	234.81	818.63	253.24	290.66	6 889.12
2010	112.07	4 646.18	287.09	892.27	293.75	305.81	6 537.17
2011	123.81	5 141.67	325.80	947.93	297.72	306.80	7 143.73
2012	135.39	5 828.18	348.88	980.62	318.04	339.29	7 950.40
2013	117.01	6 126.51	353.09	807.28	218.27	338.60	7 960.76
2014	118.74	6 244.20	365.83	1 144.59	233.35	347.90	8 454.61
2015	127.64	6 065.00	392.10	844.37	252.97	384.08	8 066.16
2016	135.32	5 626.55	428.58	853.32	277.19	420.99	7 741.95
2017	131.67	5 072.52	405.59	858.21	278.25	376.84	7 123.08
2018	129.28	5 014.16	360.23	857.75	268.27	329.86	6 959.55
2019	113.11	5 131.10	362.71	881.93	268.89	333.56	7 091.30

天津市碳排放总量整体不断增加，其中工业部门碳排放增加值最大（见表6.10和图6.3），2019年工业碳排放为5 131.10 $\times 10^4$ 吨，较2000年增加2 734.64 $\times 10^4$ 吨，且工业是天津市碳排放主要贡献者，将成为天津市碳减排的重点；2000—2019年天津市交通运输业碳排放整体呈增加状态，2000年碳排放量为478.93 $\times 10^4$ 吨，2019年碳排放量为881.93 $\times 10^4$ 吨。批发零售业碳排放量呈先增加后减少的趋势，2000年批发零售业碳排放量为325.67 $\times 10^4$ 吨，2007年增加至474.06 $\times 10^4$ 吨，2007年后批发零售业碳排放整体呈下降趋势，2019年碳排放降至268.89 $\times 10^4$ 吨，与2000年相比，批发零售业碳排放以年均 -1.00% 的速率下降，在6个部门中下降速率最快。建筑业碳排放整体呈现增长趋势，由2000年的67.36 $\times 10^4$ 吨增加至2019年的362.71 $\times 10^4$ 吨，年均增长速度为9.26%，在6个部门中增速最快。农业碳排放量整体仍呈现增长趋势，2000年碳排放为76.43 $\times 10^4$ 吨，2019年碳排放为113.11 $\times 10^4$ 吨并以每年2.08%的速率增长。

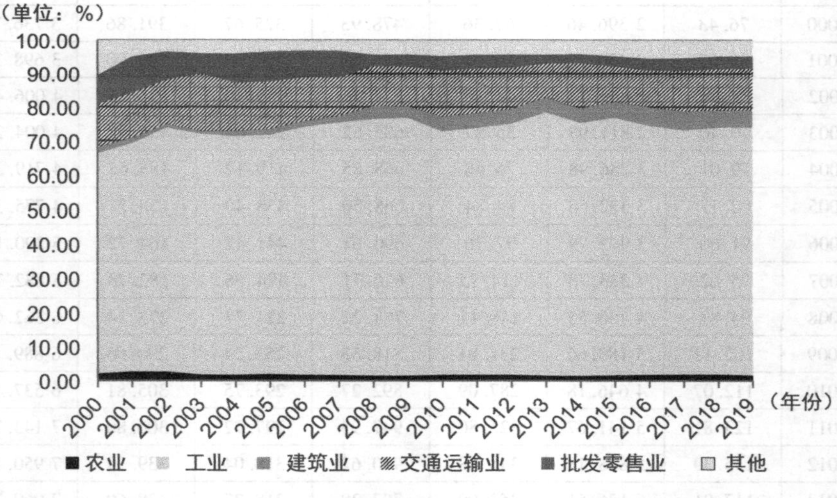

图6.3 2000—2019年天津市不同部门碳排放占比情况

2000—2019年天津市工业、建筑业碳排放量占比不断增加，占比分别由2000年的64.13%和1.80%增加至2019年的72.36%和5.11%；交通运输业和农业占比略有下降，占比分别由2000年的12.82%和2.05%，降至2019年的12.44%和1.60%；批发零售业碳排放占比大幅度下降，2000年占比为8.72%，2019年已减至3.79%。

6.3.1.3 天津市分能源品种碳排放特征

2000—2019年天津市原煤、焦炭、柴油是碳排放的主要来源，三者的碳排放量之和始终占据天津市碳排放总量的55%以上（见表6.11）。其中，原煤碳排放量整体呈减少趋势，且2000—2019年原煤碳排放量在各种能源碳排放中减少量最大，2000年原煤碳排放量为1 840.74 $\times 10^4$吨，2019年原煤碳排放量为861.34 $\times 10^4$吨，较2000年减少979.40 $\times 10^4$吨，碳排放占比较2000年降低 -37.11%，在各类能源碳排放占比中降低幅度最大；与原煤碳排放变化趋势不同，天津市柴油和焦炭碳排放量整体呈增加趋势，由2000年的607.47 $\times 10^4$吨和399.09 $\times 10^4$吨增加至2019年的936.52 $\times 10^4$吨和2 540.42 $\times 10^4$吨。

洗精煤、原油、汽油、燃料油碳排放量及其占比整体均呈减少趋势。其中，洗精煤由2000年的32.90 $\times 10^4$吨到2019年降至为0；燃料油碳排放量减少最多，由2000年的250.08 $\times 10^4$吨减少至2019年的159.04 $\times 10^4$吨，共减少91.04 $\times 10^4$吨。汽油和原油碳排放量分别从2000年的309.39 $\times 10^4$吨和64.15 $\times 10^4$吨减少至2019年的248.52 $\times 10^4$吨和28.91 $\times 10^4$吨，其碳排放占比分别较2000年减少4.78%和1.31%。

煤油、液化石油气、其他石油制品、天然气碳排放均有不同程度的增长。煤油和液化石油气碳排放量分别从2000年的57.35 $\times 10^4$吨和37.37 $\times 10^4$吨增加至2019年的337.49 $\times 10^4$吨和218.74 $\times 10^4$吨；2019年其他石油制品的碳排放量为805.37 $\times 10^4$吨，较2000年增长705.90 $\times 10^4$吨，碳排放占比较2000年增长8.7%；天然气碳排放量由2000年的38.70 $\times 10^4$吨增长至2019年的954.96 $\times 10^4$吨，年均增长18.38%，在各类能源碳排放中增长速率最快，表明清洁能源正在大幅度被推广使用，且天津市清洁能源使用量将在未来继续保持增长趋势。

6.3.1.4 天津市碳排放强度变化特征

2000—2019年天津市各行业碳排放强度整体呈下降趋势（见表6.12），其中工业、交通运输业和批发零售业碳排放强度下降幅度较大，分别由2000年的3.21吨/10^4元、3.44吨/10^4元和2.05吨/10^4降至2019

表 6.11 2000—2019 年天津市不同能源品种碳排放量

年份		原煤	洗精煤	焦炭	原油	汽油	煤油	柴油	燃料油	液化石油气	其他石油制品	天然气	合计
2000	碳排放量(10^4 吨)	1 840.74	32.90	399.09	64.15	309.39	57.35	607.47	250.08	37.37	99.47	38.70	3 736.71
	占比(%)	49.26	0.88	10.68	1.72	8.28	1.53	16.26	6.69	1.00	2.66	1.04	100.00
2001	碳排放量(10^4 吨)	1 801.74	27.11	357.87	109.88	300.61	34.79	561.41	271.12	77.84	107.73	48.21	3 698.31
	占比(%)	48.72	0.73	9.68	2.97	8.13	0.94	15.18	7.33	2.10	2.91	1.30	100.00
2002	碳排放量(10^4 吨)	1 608.48	140.80	418.64	71.66	255.16	47.70	556.50	282.84	77.62	501.82	45.19	4 006.41
	占比(%)	40.15	3.51	10.45	1.79	6.37	1.19	13.89	7.06	1.94	12.53	1.13	100.00
2003	碳排放量(10^4 吨)	1 582.27	147.83	428.36	289.40	90.80	427.92	301.63	179.63	15.12	411.94	129.29	4 004.19
	占比(%)	39.52	3.69	10.70	7.23	2.27	10.69	7.53	4.49	0.38	10.29	3.23	100.00
2004	碳排放量(10^4 吨)	1 730.96	122.70	923.56	65.09	293.94	45.84	684.04	357.98	18.40	367.19	109.61	4 719.31
	占比(%)	36.68	2.60	19.57	1.38	6.23	0.97	14.49	7.59	0.39	7.78	2.32	100.00

续表

年份		原煤	洗精煤	焦炭	原油	汽油	煤油	柴油	燃料油	液化石油气	其他石油制品	天然气	合计
2005	碳排放量（10^4 吨）	1 627.79	223.81	929.66	70.49	283.79	46.15	737.08	353.68	31.17	353.90	117.83	4 775.35
	占比（%）	34.09	4.69	19.47	1.48	5.94	0.97	15.44	7.41	0.65	7.41	2.47	100.00
2006	碳排放量（10^4 吨）	1 540.79	301.21	1 528.72	46.23	304.36	49.93	747.82	336.86	26.76	361.76	145.72	5 390.16
	占比（%）	28.59	5.59	28.36	0.86	5.65	0.93	13.87	6.25	0.50	6.71	2.70	100.00
2007	碳排放量（10^4 吨）	1 645.66	268.75	1 886.53	36.33	325.04	59.15	763.54	281.54	29.83	378.57	207.77	5 882.71
	占比（%）	27.97	4.57	32.07	0.62	5.53	1.01	12.98	4.79	0.51	6.44	3.53	100.00
2008	碳排放量（10^4 吨）	1 643.83	222.98	2 031.97	56.92	304.30	55.27	849.26	284.75	33.02	625.61	254.68	6 362.59
	占比（%）	25.84	3.50	31.94	0.89	4.78	0.87	13.35	4.48	0.52	9.83	4.00	100.00
2009	碳排放量（10^4 吨）	1 610.03	262.94	2 454.11	50.95	321.32	63.27	883.75	298.65	34.99	628.04	281.06	6 889.11
	占比（%）	23.37	3.82	35.62	0.74	4.66	0.92	12.83	4.34	0.51	9.12	4.08	100.00

续表

年份		原煤	洗精煤	焦炭	原油	汽油	煤油	柴油	燃料油	液化石油气	其他石油制品	天然气	合计
2010	碳排放量（10^4 吨）	1 701.15	263.11	1 873.93	61.84	329.72	65.31	975.58	281.44	103.88	506.76	374.46	6 537.18
	占比（%）	26.02	4.02	28.67	0.95	5.04	1.00	14.92	4.31	1.59	7.75	5.73	100.00
2011	碳排放量（10^4 吨）	1 753.82	289.22	2 000.89	57.97	338.64	74.87	1 064.24	311.20	153.70	690.56	408.62	7 143.73
	占比（%）	24.55	4.05	28.01	0.81	4.74	1.05	14.90	4.36	2.15	9.67	5.72	100.00
2012	碳排放量（10^4 吨）	1 841.82	272.29	2 493.86	33.41	352.53	89.76	1 115.05	263.63	166.85	812.68	508.50	7 950.38
	占比（%）	23.17	3.42	31.37	0.42	4.43	1.13	14.03	3.32	2.10	10.22	6.40	100.00
2013	碳排放量（10^4 吨）	1 909.24	187.15	2 699.42	35.33	255.39	171.28	976.54	155.95	133.39	843.15	593.90	7 960.74
	占比（%）	23.98	2.35	33.91	0.44	3.21	2.15	12.27	1.96	1.68	10.59	7.46	100.00
2014	碳排放量（10^4 吨）	1 807.82	223.10	2 696.34	32.48	256.79	182.66	997.08	176.12	430.19	990.64	661.36	8 454.58
	占比（%）	21.38	2.64	31.89	0.38	3.04	2.16	11.79	2.08	5.09	11.72	7.82	100.00

续表

年份		原煤	洗精煤	焦炭	原油	汽油	煤油	柴油	燃料油	液化石油气	其他石油制品	天然气	合计
2015	碳排放量（10^4 吨）	1 588.93	195.43	2 555.93	31.13	277.91	200.76	1 047.18	163.41	145.69	1 107.18	752.59	8 066.14
	占比（%）	19.70	2.42	31.69	0.39	3.45	2.49	12.98	2.03	1.81	13.73	9.33	100.00
2016	碳排放量（10^4 吨）	1 427.38	0.00	2 459.28	29.18	262.00	250.26	1 103.48	143.65	121.78	1 154.07	790.86	7 741.94
	占比（%）	18.44	0.00	31.77	0.38	3.38	3.23	14.25	1.86	1.57	14.91	10.22	100.00
2017	碳排放量（10^4 吨）	1 051.88	0.00	2 284.74	28.58	254.40	309.69	1 053.13	128.36	155.27	1 057.52	799.51	7 123.08
	占比（%）	14.77	0.00	32.08	0.40	3.57	4.35	14.78	1.80	2.18	14.85	11.22	100.00
2018	碳排放量（10^4 吨）	895.31	0.00	2 450.10	29.48	237.49	332.33	967.67	148.69	200.62	802.36	895.50	6 959.55
	占比（%）	12.86	0.00	35.20	0.42	3.41	4.78	13.90	2.14	2.88	11.53	12.87	100.00
2019	碳排放量（10^4 吨）	861.34	0.00	2 540.42	28.91	248.52	337.49	936.52	159.04	218.74	805.37	954.96	7 091.31
	占比（%）	12.15	0.00	35.82	0.41	3.50	4.76	13.21	2.24	3.08	11.36	13.47	100.00

年的 1.17 吨/10^4 元、1.12 吨/10^4 元和 0.17 吨/10^4 元，2019 年天津市建筑业碳排放强度较 2000 年下降 0.40 吨/10^4 元，整体变化幅度较小；农业由 2000 年的 1.04 吨/10^4 下降到 2019 年的 0.59 吨/10^4；其他行业碳排放强度由 2000 年的 0.77 吨/10^4 降至 2019 年的 0.05 吨/10^4，年均下降率为 14.15%，在各行业中下降速率最快。天津市总体碳排放强度由 2.20 吨/10^4 元降至 0.50 吨/10^4 元，年均下降率为 8.12%。由此可见，天津市碳减排工作正在不断深入推进，碳排放强度在持续降低。

表 6.12　2000—2019 年天津市碳排放强度变化　单位：吨/10^4 元

行业 / 年份	农业	工业	建筑业	交通运输业	批发零售业	其他	总体碳排放强度
2000	1.04	3.21	0.92	3.44	2.05	0.77	2.20
2001	1.25	3.00	0.79	3.04	2.29	0.30	1.93
2002	1.23	3.14	0.47	2.89	1.76	0.19	1.86
2003	0.76	2.47	0.33	3.57	1.00	0.20	1.55
2004	0.75	2.12	0.56	3.00	0.98	0.28	1.52
2005	0.83	1.77	0.51	2.94	0.87	0.20	1.29
2006	0.77	1.70	0.50	2.73	0.81	0.17	1.24
2007	0.87	1.63	0.50	2.02	0.70	0.15	1.12
2008	0.77	1.39	0.85	1.74	0.27	0.17	0.95
2009	0.79	1.43	0.64	1.74	0.26	0.15	0.92
2010	0.77	1.05	0.67	1.52	0.24	0.13	0.71
2011	0.78	0.95	0.65	1.50	0.18	0.10	0.63
2012	0.79	0.95	0.65	1.43	0.17	0.10	0.62
2013	0.62	0.92	0.59	1.11	0.10	0.08	0.55
2014	0.59	0.88	0.53	1.59	0.11	0.07	0.54
2015	0.61	0.87	0.53	1.16	0.11	0.07	0.49
2016	0.61	0.83	0.54	1.18	0.11	0.06	0.43
2017	0.76	0.74	0.54	1.10	0.11	0.05	0.38
2018	0.72	0.72	0.54	1.05	0.10	0.04	0.37
2019	0.59	1.17	0.52	1.12	0.17	0.05	0.50

6.3.2　天津市工业分行业碳排放

6.3.2.1　天津市工业整体碳排放分析

根据公式（6.2），对天津市 32 个工业行业进行碳排放测算，工业整体碳排放测算结果如图 6.4 所示。

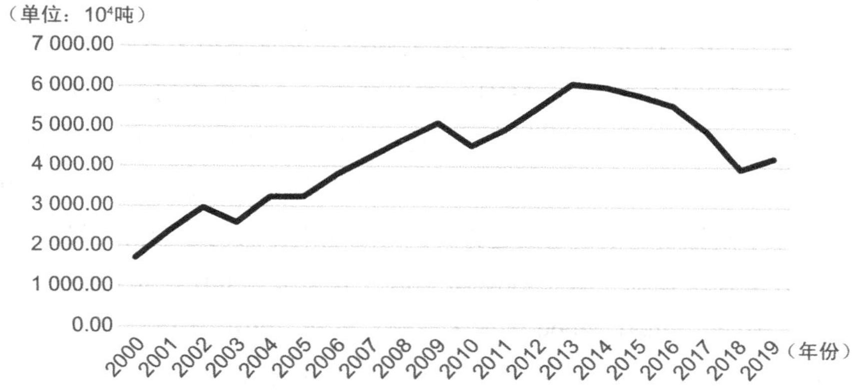

图 6.4　2000—2019 年天津市工业整体碳排放情况

2000—2019 年（见图 6.6），天津市工业整体碳排放呈现增长的态势，2000 年碳排放量为 1 714.19 $\times 10^4$ 吨，至 2019 年增加到 4 219.11 $\times 10^4$ 吨，年均增长率达 4.85%。从碳排放阶段趋势来看，碳排放量最低点为 2000 年，2000—2013 年碳排放整体呈增长态势，2013 年达到最高点，为 6 085.83 $\times 10^4$ 吨，之后有所下降。

纵观天津市碳排放量的发展趋势，不难发现与国际形势及我国经济发展有一定关系。由于 1997 年东南亚金融危机的影响，2000 年以后，经济开始复苏，工业经济进入持续发展状态，二氧化碳排放量开始缓慢增长。2006 年，天津市滨海新区升级为国家级新区，滨海新区的发展促进天津市碳排放增长，因此碳排放量呈现迅速增长状态。然而，随着国家“转方式、调结构”方针的出台，短时间内，工业经济在一定程度上受到冲击，2009 年之后碳排放量较 2008 年有所下降，并于 2010 年出现波谷，但随着工业不断发展，天津市2013年碳排放达到最高值。但随着天津市行业结构的调整，工业经济会继续朝阳发展。因此，可以预见，未来天津市碳排放量将持续增长，但其增长速度将较之前缓慢。[146]

6.3.2.2 天津市工业各行业碳排放分析

2000—2019年天津市32个工业行业碳排放情况见本书附录2。

由计算结果可以看出，历年黑色金属冶炼及压延加工业（C31）的碳排放量高居榜首，石油和天然气开采业（B07）、化学原料及化学制品制造业（C26）也是“排放大户”，各行业的碳排放呈现平稳上升态势。其中，黑色金属冶炼及压延加工业（C31）的碳排放对工业整体的碳排放趋势产生了较为关键的影响，其年均碳排放达 $2\ 429.36 \times 10^4$ 吨，历年最高且不断增加。化学原料及化学制品制造业（C26）年均碳排放达 707.46×10^4 吨，20年来碳排放呈不断增加趋势，其对工业碳排放的影响情况仅次于黑色金属冶炼及压延加工业。石油和天然气开采业（B07）年均碳排放达 142.33×10^4 吨，2000—2009年整体呈增长态势，2010年之后增减波动明显。水的生产和供应业（D46）年均碳排放为 0.70×10^4 吨，19年间的碳排放变化不大且历年最低。总的来看，低排放行业主要集中在皮革、毛皮、羽绒及其制品业（C19），木材加工及木、竹、藤、棕、草制品（C20），家具制造业（C21），印刷业和记录媒介的复制（C23），文教体育用品制造业（C24），仪器仪表及文化办公用机械制造业（C40），水的生产和供应业（D46）；高排放行业则集中在石油和天然气开采业（B07），石油加工炼焦及核燃料加工业（C25），化学原料及化学制品制造业（C26），非金属矿物制品业（C30），黑色金属冶炼及压延加工业（C31）。低排放行业均属于制造业，而高排放行业均属于能源密集型产业。追根溯源，高能耗行业碳排放直线上升的主要原因归于其能源消费量的大幅增加。

6.3.2.3 天津市工业行业分类

从整体来看，天津市32个工业行业不同行业碳排放量的跨度较大，逐个分析难度大，为确保分析的可靠性，依据KNN邻近算法原理[147]，一个样本在特征空间中的k个最相邻的样本中的大多数属于某一个类别，将32个工业行业分为高、中高、中、中低、低排放行业，划分标准及结果如表

6.13所示。32个工业行业的年均碳排放在 100×10^4 吨及以上的有5个，20×10^4 吨及以上且 100×10^4 吨以下的行业有13个，10×10^4 吨及以上且 20×10^4 吨以下的行业有4个，5×10^4 吨及以上且 10×10^4 吨以下的行业有2个，5×10^4 吨以下的行业有8个。

表6.13　天津市工业行业分类

类别	标准（10^4 吨）	行业名称及代码
高排放行业	$C\geqslant100$	石油和天然气开采业（B07），石油加工炼焦及核燃料加工业（C25），化学原料及化学制品制造业（C26），非金属矿物制品业（C30），黑色金属冶炼及压延加工业（C31）
中高排放行业	$20\leqslant C<100$	农副食品加工业（C13），食品制造业（C14），饮料制造业（C15），纺织业（C17），造纸及纸制品业（C22），医药制造业（C27），橡胶和塑料制品业（C29），有色金属冶炼及压延加工业（C32），金属制品业（C33），通用设备制造业（C34），专用设备制造业（C35），交通运输设备制造业（C37），电力、热力的生产和供应业（D44）
中排放行业	$10\leqslant C<20$	非金属矿采选业（B10），纺织服装鞋帽制造业（C18），电气机械及器材制造业（C38），通信设备计算机及其他电子设备制造业（C39）
中低排放行业	$5\leqslant C<10$	工艺品及其他制造业（C41），燃气生产和供应业（D45）
低排放行业	$C<5$	皮革、毛皮、羽绒及其制品业（C19），木材加工及木、竹、藤、棕、草制品业（C20），家具制造业（C21），印刷业和记录媒介的复制（C23），文教体育用品制造业（C24），化学纤维制造业（C28），仪器仪表及文化办公用机械制造业（C40），水的生产和供应业（D46）

6.3.2.4　分行业碳排放分析

2000—2019年，天津市各类行业碳排放所占工业整体碳排放比例如图6.5所示。

由图6.5可以看出：2000—2009年，高排放行业碳排放占工业整体碳排放的比例整体变化不大，中高排放行业、中排放行业和中低排放行业占工业整体碳排放的比例逐渐减少，分别从2000年的40.63%、21.88%和12.50%降至2019年的15.63%、15.63%和12.50%，低排放行业占比逐渐增加，从2000年的12.50%增加至2019年的43.75%。2000—2019年各类行业碳排放情况分析如下。

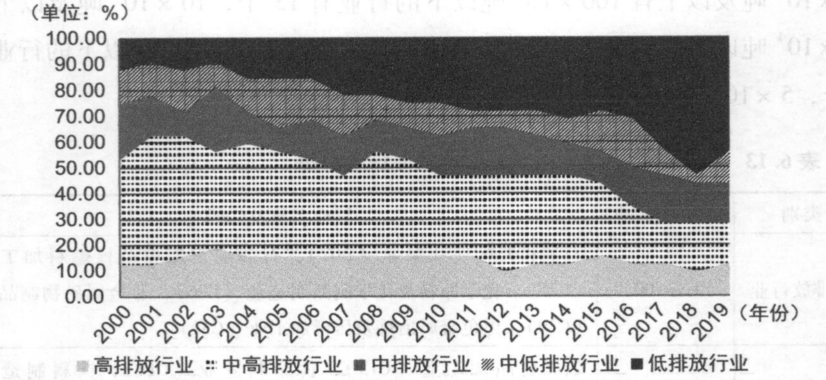

图 6.5 2000—2019 年天津市行业碳排放结构

(1) 高排放行业

高排放行业及其各行业碳排放量变化趋势如图 6.6 所示。高排放行业碳排放整体呈现持续增长趋势，特别是 2005 年以后增长速度加快。石油和天然气开采业（B07）、石油加工炼焦及核燃料加工业（C25）、非金属矿物制品业（C30）的碳排放趋势与高排放行业平均碳排放的趋势相近。而化学原料及化学制品制造业（C26）和黑色金属冶炼及压延加工业（C31）高于高排放行业的平均碳排放，其中黑色金属冶炼及压延加工业（C31）20 年来始终高于高排放行业平均碳排放。

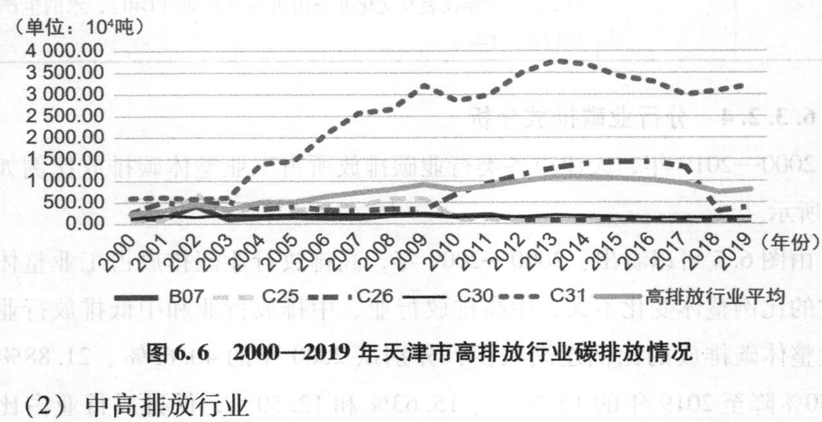

图 6.6 2000—2019 年天津市高排放行业碳排放情况

(2) 中高排放行业

由表 6.14 可以看出，中高排放行业平均碳排放整体变化相对平稳，

表 6.14　2000—2019 年天津市中高排放行业碳排放情况

单位：10^4 吨

行业\年份	2000	2001	2002	2003	2004	2005	2006	2007	2008	2009	2010	2011	2012	2013	2014	2015	2016	2017	2018	2019
C13	15.97	31.38	27.27	30.40	24.36	19.62	20.10	18.66	19.41	18.96	19.24	18.72	22.26	26.77	25.88	21.13	17.95	8.38	9.69	10.99
C14	20.33	27.55	18.61	27.07	29.77	25.38	25.33	25.82	27.59	23.69	23.89	47.72	48.25	45.19	45.06	43.62	35.61	14.39	13.19	13.24
C15	23.71	67.67	49.25	73.13	43.64	77.84	73.62	84.08	75.98	25.17	19.01	16.06	11.37	11.39	13.83	7.45	7.26	4.32	3.67	3.95
C17	74.22	95.96	66.13	78.64	67.64	57.90	54.91	41.02	30.92	21.30	18.75	16.18	12.30	12.56	11.58	7.11	5.20	4.27	4.17	3.77
C22	41.34	58.44	35.84	53.48	47.29	45.58	27.33	26.79	30.96	30.46	52.69	32.57	30.92	32.66	24.83	17.70	14.15	11.41	13.52	11.92
C27	28.88	48.07	30.88	44.98	32.73	36.17	34.12	33.96	38.42	30.72	31.38	23.18	26.82	29.98	27.63	13.46	19.73	10.60	10.23	8.68
C29	45.75	68.77	48.68	59.90	50.94	56.72	58.86	58.34	54.40	47.35	49.11	46.56	47.46	49.16	45.42	109.70	35.11	29.52	22.24	20.57
C32	32.46	35.84	24.81	15.22	18.59	12.64	15.37	13.22	21.78	24.68	20.92	29.70	45.06	54.23	47.90	58.96	46.73	24.21	29.45	34.64
C33	47.99	66.07	47.91	85.55	64.29	54.99	50.19	55.42	59.10	56.57	62.84	63.81	76.64	93.99	81.48	38.58	75.58	48.95	66.02	53.52
C34	32.84	48.80	47.61	161.10	51.35	44.94	37.58	41.93	53.84	45.59	45.99	43.56	15.45	17.34	13.00	87.34	14.06	10.09	4.70	9.26
C35	11.26	13.85	10.09	17.70	8.29	8.44	11.01	9.10	24.14	27.99	23.17	24.05	29.90	108.23	107.35	42.56	83.10	6.35	4.56	4.05
C37	41.41	58.01	43.94	58.30	43.74	49.96	48.17	47.27	70.29	62.46	49.60	51.51	55.10	53.33	46.22	24.62	49.28	39.58	39.79	40.19
D44	32.54	37.99	50.98	22.17	43.65	62.00	31.53	15.09	52.40	36.67	30.97	36.78	33.01	47.26	26.25	21.84	13.27	16.38	17.94	14.64
中高排放行业平均	34.51	50.65	38.61	55.97	40.48	42.48	37.55	36.21	43.02	34.74	34.43	34.65	34.96	44.78	39.73	38.01	32.08	17.57	18.40	17.65

农副食品加工业（C13），食品制造业（C14），饮料制造业（C15），纺织业（C17），造纸及纸制品业（C22），医药制造业（C27），有色金属冶炼及压延加工业（C32），交通运输设备制造业（C37），电力、热力的生产和供应业（D44）与中高排放行业平均碳排放的趋势大致相同，而橡胶和塑料制品业（C29）、有色金属冶炼及压延加工业（C32）、金属制品业（C33）、专用设备制造业（C35）波动明显，尤其在2013年之后开始高于中高排放行业平均碳排放。

（3）中排放行业

中排放行业及其各行业碳排放量变化趋势如图6.7所示。中排放行业平均碳排放在2000—2019年呈现整体减少的状态，电气机械及器材制造业（C38）、通信设备计算机及其他电子设备制造业（C39）与中排放行业整体趋势相似。非金属矿采选业（B10）在2000—2005年波动较大，2005—2019年则与中排放行业整体趋势相似，但总量保持低于中排放行业平均水平。

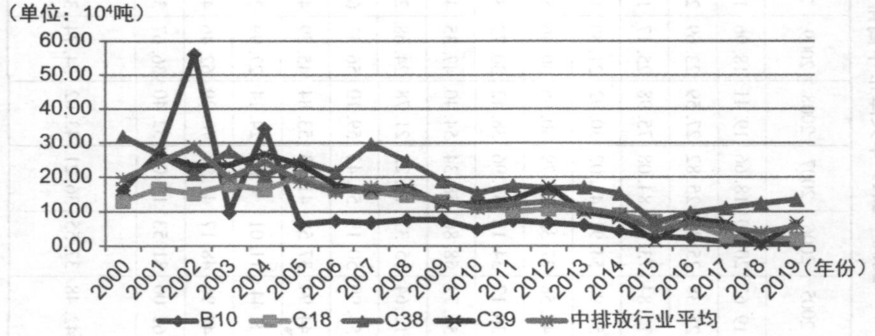

图6.7　2000—2019年天津市中排放行业碳排放情况

（4）中低排放行业

中低排放行业及其各行业碳排放量变化趋势如图6.8所示。中低排放行业碳排放整体波动明显，但仍呈现减少趋势。工艺品及其他制造业（C41）和燃气生产和供应业（D45）与中低排放行业平均碳排放趋势相似，其中，工艺品及其他制造业（C41）在2004—2011年明显高于中低排放行业平均碳排放，而燃气生产和供应业（D45）波动较大，2002年达到最高点，之后开始下降。

表 6.15　2000—2019 年天津市低排放行业碳排放情况

单位：10^4 吨

行业＼年份	2000	2001	2002	2003	2004	2005	2006	2007	2008	2009	2010	2011	2012	2013	2014	2015	2016	2017	2018	2019
C19	5.74	6.99	6.92	6.48	4.96	3.94	3.26	3.29	3.01	1.38	2.36	2.40	4.77	4.09	2.92	1.50	1.61	0.17	0.06	0.06
C20	6.27	8.86	8.32	10.54	8.08	9.96	12.86	4.81	6.77	4.74	1.93	1.26	1.25	1.50	0.87	0.94	0.99	0.77	0.59	0.52
C21	7.87	9.02	7.00	6.77	4.73	7.82	9.84	6.13	7.45	5.72	4.07	3.01	2.48	2.43	2.23	1.51	1.79	0.92	1.57	1.51
C23	2.88	4.39	3.18	4.10	3.70	4.71	4.12	3.27	3.71	4.71	2.95	2.11	3.12	2.80	2.40	16.64	2.57	2.13	1.57	1.91
C24	3.56	3.51	2.73	3.01	2.63	4.14	6.86	5.50	3.27	3.71	5.50	2.85	8.32	8.23	9.58	6.29	6.34	4.56	1.51	1.26
C28	8.64	15.23	9.37	10.96	7.29	7.02	8.44	0.85	1.22	0.76	0.15	1.06	1.70	1.18	0.87	17.51	0.88	0.51	0.22	0.22
C40	4.70	9.95	4.08	16.29	6.74	2.82	2.48	2.11	1.00	0.93	0.90	1.41	0.31	0.84	0.95	1.45	0.86	0.75	0.42	0.45
D46	0.31	0.45	0.83	1.05	1.43	1.45	1.02	0.89	0.57	0.66	0.63	0.73	0.70	0.71	0.72	0.45	0.40	0.33	0.30	0.30
低排放行业平均	5.00	7.30	5.30	7.40	4.95	5.23	6.11	3.36	3.37	2.83	2.31	1.85	2.83	2.72	2.57	5.79	1.93	1.27	0.78	0.78

（5）低排放行业

低排放行业及其各行业碳排放量变化趋势如表6.15所示。低排放行业碳排放整体呈现波动的状态，2000—2019年内部行业中，木材加工及木、竹、藤、棕、草制品业（C20），印刷业和记录媒介的复制（C23），文教体育用品制造业（C24），化学纤维制造业（C28），仪器仪表及文化办公用机械制造业（C40）波动较大；皮革、毛皮、羽绒及其制品业（C19），家具制造业（C21）与低碳排放行业平均碳排放趋势相近；水的生产和供应业（D46）却一直保持低碳排放状态，整体变化不大。

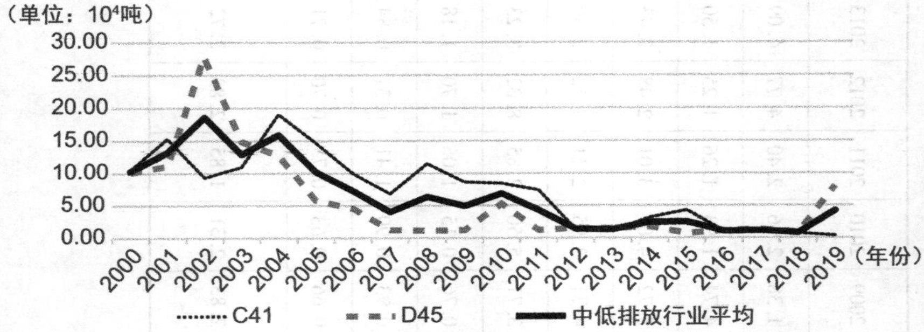

图6.8　2000—2019年天津市中低排放行业碳排放情况

第 7 章

天津市碳排放影响因素分析

7.1　土地利用变化碳排放影响因素分析

影响土地利用碳排放的因素众多，从一个区域来看，自然环境条件主要包括气候、土壤、水文、地质等，是土地利用分布的基础，自然地理环境具有相对稳定性，发挥着累积性效应。相比之下，在较短时间尺度内，经济发展对土地利用碳排放的影响更加突出。随着经济的进一步发展，人口增长及政策等社会经济因素对土地利用产生的各种影响日益增加。所以，主要从土地利用、人口规模、经济和技术 4 个角度，采用主成分分析的方法对天津市土地利用碳排放影响因子进行定量分析，以此为制定天津市低碳发展管理和控制策略提供一些参考，响应天津市生态文明建设。

7.1.1　指标体系的构建

依据主成分分析的基本要求，秉承指标体系的全面性、科学性、可操作性等原则，查找相关文献，同时参考专家学者的研究经验[148-149]，引入 8 个指标，如表 7.1 所示。这些指标以 2000—2019 年的数据作为分析样本，数据来源于天津市统计年鉴，能够分别反映土地利用、人口变化、社会经济发展[150]、能源利用水平对天津市土地利用碳排放的影响。

表 7.1　　指标体系构建

一级指标	二级指标	指标描述
土地因素	土地利用（x1，10^4 公顷）	建设用地面积
人口因素	人口规模（x2，10^4 人）	常住人口数
	城镇化率（x3，%）	城镇人口占总人口比重
	人均 GDP（x4，元）	地区生产总值/总人口

续表

一级指标	二级指标	指标描述
经济因素	第一产业比重（x5,%）	第一产业产值占三产业总值比重
	第二产业比重（x6,%）	第二产业产值占三产业总值比重
	第三产业比重（x7,%）	第三产业产值占三产业总值比重
技术因素	单位 GDP 能耗（x8，吨标准煤/10^4 元）	能源消耗量/地区生产总值

7.1.2 影响因素结果与分析

7.1.2.1 相关性分析

本书利用 SPSS19.0 软件，在运用主成分分析之前，对各原始数据变量（见表 7.2）（土地利用数据来源于遥感解译）进行标准化，然后对变量进行相关性分析，2019 年天津市建设用地面积相关系数矩阵如表 7.3 所示。

表 7.2　　天津市土地利用变化碳排放影响因素初始数据

年份	土地利用（10^4 公顷）	人口规模（10^4 人）	城镇化率（%）	人均 GDP（元）	第一产业比重（%）	第二产业比重（%）	第三产业比重（%）	单位 GDP 能耗（吨标准煤/10^4 元）
2000	221 856.93	1 001.14	58.39	16 999.42	4.33	50.76	44.91	0.40
2001	229 056.65	1 004.06	58.56	19 113.30	4.10	49.97	45.92	0.50
2002	236 951.78	1 007.18	58.88	21 354.28	3.92	49.71	46.38	0.52
2003	244 311.05	1 011.30	59.37	25 492.24	3.49	51.87	44.64	0.42
2004	251 544.89	1 023.67	59.64	30 687.14	3.35	54.37	42.28	0.41
2005	258 653.34	1 043.00	75.11	37 851.77	2.85	54.86	42.29	0.33
2006	265 636.41	1 075.00	75.73	42 036.65	2.29	55.28	42.44	0.33
2007	272 494.16	1 115.00	76.31	47 694.71	2.02	55.32	42.66	0.31
2008	279 226.63	1 176.00	77.23	57 870.24	1.71	55.50	42.79	0.27
2009	285 833.87	1 228.16	78.01	62 029.38	1.57	53.35	45.09	0.26
2010	292 315.94	1 299.29	79.55	71 914.43	1.41	52.84	45.75	0.19
2011	299 371.52	1 354.58	80.5	84 614.42	1.23	52.86	45.91	0.17
2012	306 272.74	1 413.15	81.55	92 609.91	1.13	52.17	46.70	0.17
2013	313 019.71	1 472.21	82.01	99 577.17	1.06	50.89	48.06	0.17

续表

年份	土地利用（10^4 公顷）	人口规模（10^4 人）	城镇化率（%）	人均 GDP（元）	第一产业比重（%）	第二产业比重（%）	第三产业比重（%）	单位 GDP 能耗（吨标准煤/10^4 元）
2014	319 612.56	1 516.81	82.28	105 250.76	0.99	49.69	49.31	0.15
2015	326 051.40	1 546.95	82.64	108 566.34	0.97	47.14	51.89	0.14
2016	332 336.38	1 562.12	82.93	114 190.27	0.94	42.45	56.61	0.13
2017	338 467.64	1 556.87	82.93	119 144.12	0.91	40.94	58.15	0.11
2018	344 445.33	1 559.60	83.15	120 711.00	0.92	40.46	58.62	0.42
2019	350 269.62	1 561.83	83.48	90 371.00	1.31	35.23	63.45	0.48

表 7.3　　相关系数矩阵

变量	x1	x2	x3	x4	x5	x6	x7	x8
x1	1.000							
x2	0.973	1.000						
x3	0.900	0.853	1.000					
x4	0.965	0.982	0.884	1.000				
x5	-0.928	-0.895	-0.969	-0.931	1.000			
x6	-0.674	-0.687	-0.357	-0.594	0.367	1.000		
x7	0.793	0.799	0.512	0.722	-0.526	-0.984	1.000	
x8	-0.558	-0.609	-0.706	-0.686	0.749	-0.043	-0.104	1.000

从表 7.3 的变量相关系数矩阵可以看出，8 个因子与天津市土地利用碳排放都存在着相关关系。其中，土地利用（$x1$）、人口规模（$x2$）、城镇化率（$x3$）、人均 GDP（$x4$）与第三产业比重（$x7$）相关性较强，第一产业比重（$x5$）与单位 GDP 能耗（$x8$）相关性较强，第二产业比重（$x6$）与单位 GDP 能耗（$x8$）相关性弱于其他因子，而且各因子之间相关系数较高，可能存在着互相影响，所以有必要进一步做主成分分析。

7.1.2.2　主成分过程分析

主成分个数的提取依据特征值≥1 来确定，特征值被看作是用来显示主成分影响能力大小的指标[151]，若某个主成分的特征值 <1，说明此主成分代表几个变量来解释的力度并没有直接使用一个原来的初始变量来解释的力度大。由表 7.4 可以看出，第一、第二两个主成分的特征值都大于 1，

且第一、第二主成分的累计贡献率了已经达到了95.725%，符合研究分析的要求，能够充分反映天津市土地利用变化碳排放的综合态势。

表7.4　　主成分特征值及贡献率

主成分	特征值	贡献率（%）	累计贡献率（%）
一	6.065	75.810	75.812
二	1.593	19.915	95.724
三	0.245	3.066	98.789
四	0.063	0.789	99.578
五	0.019	0.232	99.811
六	0.011	0.132	99.942
七	0.005	0.058	100.000
八	3.675×10^{-7}	4.594×10^{-6}	100.000

初始因子载荷矩阵是主成分与变量之间的相关系数。由表7.5可以看出，第一主成分与土地利用（*x*1）、人口规模（*x*2）、城镇化率（*x*3）、人均GDP（*x*4）和第三产业比重（*x*7）有显著的正相关，同时与第一产业比重（*x*5）呈显著的负相关，则第一主成分主要反映以上因素的信息；第二主成分与第三产业比重（*x*7）和单位GDP能耗（*x*8）有一定的正相关，与第二产业比重（*x*6）有一定的负相关，说明第二主成分可以代表工业因素等因子的信息。由以上分析可以看出第一、第二主成分可以基本反映全部指标的信息。

表7.5　　主成分荷载矩阵

变量	第一主成分	第二主成分
*x*1	0.989	0.048
*x*2	0.988	0.050
*x*3	0.907	-0.302
*x*4	0.985	-0.071
*x*5	-0.933	0.310
*x*6	-0.659	-0.741
*x*7	0.781	0.618
*x*8	-0.636	0.682

以上因素中，土地利用（$x1$）反映了建设用地对土地利用碳排放的驱动明显，人口规模（$x2$）、城镇化率（$x3$）反映了人口变化对土地利用碳排放的驱动作用，人均 GDP（$x4$）反映了经济增长带来的碳排放量的增加，第二产业比重（$x6$）反映了工业发展对碳排放的明显影响效果，第三产业比重（$x7$）、第一产业比重（$x5$）的变化分别体现了服务行业、农业等发展对碳排放具有一定的影响，单位 GDP 能耗（$x8$）则表现出城市发展过程中能源消耗量多少对碳排放的影响。因此，根据主成分载荷得出的结果，将影响天津市土地利用碳排放的主要因素归为人口规模效应、经济规模效应、产业结构和能源效应 4 个方面。

7.1.2.3　主要影响因素结果分析

在系统分析天津市土地利用变化的情况以及驱动因素的前提下，由土地利用变化定量研究的结果可知，影响天津市土地利用碳排放变化的社会驱动力主要有人口因素、经济因素、城镇化与工业化、能源效应等。

（1）人口效应

2000—2019 年，天津市经济不断发展，建设用地面积不断扩大，人口数量不断增长，土地利用程度、土地利用动态变化情况都有相应改变。人口增长是导致研究区土地利用变化的重要影响因素，人口规模通过左右农产品的需求量来间接影响土地利用结构和方式以及空间分布情况的变动，同时还会对土地利用产生比较直接的影响。例如，随着人口的增长会需要更多的包括衣、食、住、行等方面的物质基础，还有对城市公共设施等基础公共设施的需求，人口规模的增大必然会给有限的区域土地资源带来压力。因此，适当的协调人口以影响土地利用碳排放的变化必不可少。

（2）经济规模效应

经济发展是土地利用变化的另一重要驱动力。2000 年天津市地区生产总值为 $1\ 701.88\times10^8$ 元，2019 年地区生产总值较 2000 年增长 $12\ 402.4\times10^8$ 元，达 $14\ 104.28\times10^8$ 元，平均每年净增 652.76×10^8 元。经济发展必然带来建设用地规模的增加，不可避免地出现建设用地大规模占用耕地的行为。所以，在保证天津市经济发展的同时也应对区域内土地采取动态监管，盘活低效用地，启动耕地保护机制，实现城乡土地的综合利用。

(3) 产业结构

改革开放以来，天津市产业结构发生了重大变化，第一产业逐渐下降，第二、第三产业缓慢上升，重工业发展尤为显著。产业结构比例的变化必然引起土地资源配置在产业间的比例调整，导致建设用地面积增加，土地利用类型也会发生相应的转化。而在转化的过程中，也会对生态平衡产生一定的影响，大气污染、噪音污染、水资源恶化等。因此，合理调整产业结构，对碳排放变化具有重要作用。

(4) 能源效应

近年来，京津冀经济发展迅速，伴随而来的经济活动所需要的空间越来越大，城市规模不断扩大，由此引发的不同行业能源品种的选择与利用对碳排放的影响极其明显，不同行业、不同时间段内能源使用的多少也成为影响碳排放的重要因素。因此，合理的土地利用结构，有利于能源品种的优化选择，对各行业能源排放具有重要影响。

7.2 能源排放影响因素分析

7.2.1 模型构建

7.2.1.1 Kaya 恒等式

关于碳排放的因素分解模型是基于 Kaya 恒等式建立起来的[152]。Kaya 恒等式是 1989 年由日本教授 Yoichi Kaya 提出的[153]，具体公式为：

$$C = P \times \left(\frac{GDP}{P}\right) \times \left(\frac{E}{GDP}\right) \times \left(\frac{C}{E}\right) \tag{7.1}$$

其中，C 表示碳排放总量；P 表示人口规模；$\frac{GDP}{P}$表示人均 GDP 变化；$\frac{E}{GDP}$表示单位 GDP 能耗；$\frac{C}{E}$表示单位能耗碳排放因子。

为了更加深入且准确分析天津市碳排放影响因素变化，对Kaya恒等式进行扩展[154]，在前人研究的基础上，选取能源结构因子和产业结构因子对其进行扩充，具体公式为：

$$C = \sum_{ij} C_{ij} = \sum_{ij} \frac{C_{ij}}{E_{ij}} \times \frac{E_{ij}}{E_j} \times \frac{E_j}{GDP_j} \times \frac{GDP_j}{GDP} \times \frac{GDP}{P} \times P \tag{7.2}$$

公式（7.2）中，C、$\frac{GDP}{P}$、P的含义与公式（7.1）中的一致；i表示能源种类，本书选择原煤、焦炭等11种能源种类，因此$i=11$；j表示产业类型，本书将天津市总产值分为农业、工业、建筑业等6个行业，因此$j=6$；C_{ij}表示第j产业第i种能源消耗产生的碳排放量；E_{ij}表示第j产业第i种能源消耗量；E_j表示第j产业能源消耗总量；GDP_j表示第j产业生产总值。

令，$e_{ij} = \frac{C_{ij}}{E_{ij}}$，$m_{ij} = \frac{E_{ij}}{E_j}$，$f_j = \frac{E_j}{GDP_j}$，$s_j = \frac{GDP_j}{GDP}$，$a = \frac{GDP}{P}$，$p = P$

则天津市碳排放的Kaya扩展恒等式可以表示为：

$$C = \sum_{ij} C_{ij} = \sum_{ij} e_{ij} \times m_{ij} \times f_j \times s_j \times a \times p \tag{7.3}$$

公式（7.3）中，p的含义与公式（7.1）中的一致；e_{ij}表示年碳排放量与能源消费量之比，代表碳排放因子；m_{ij}表示第i种能源占能源消费总量的比重，代表能源消费结构；f_j表示单位GDP能耗值，代表能源利用效率；s_j表示第j产业GDP占GDP总值的比重，代表产业结构；a表示人均GDP，代表经济规模。

7.2.1.2 LMDI

常用的影响因素分解法主要有结构分解法和指数分解法，其中指数分解法主要设定不同因子，通过因子相乘的形式进行分解，计算不同影响因子对总效应的贡献程度。LMDI是指数分解法的一种，1998年由Ang提出，其优点是分解无残差[155]，使模型结果更具有说服力，因此本书选取LMDI模型对天津市二氧化碳排放影响因素进行分解。

设定C_0为基期二氧化碳排放量，C_t为第t期二氧化碳排放量，根据上述Kaya扩展恒等式，可得以下公式：

$$C_t - C_0 = \Delta C = \Delta C_e + \Delta C_m + \Delta C_f + \Delta C_s + \Delta C_a + \Delta C_p \tag{7.4}$$

公式（7.4）将碳排放效应分解为6部分：排放因子效应（ΔC_e）、

能源结构效应（ΔC_m）、能源强度效应（ΔC_f）、产业结构效应（ΔC_s）、经济规模效应（ΔC_a）、人口规模效应（ΔC_p）。各影响效应的计算公式如下：

$$\Delta C_e = \sum_{ij}\left(\frac{C_{ij}^t - C_{ij}^0}{\ln C_{ij}^t - \ln C_{ij}^0}\right) \times \ln \frac{e_{ij}^t}{e_{ij}^0}$$

$$\Delta C_m = \sum_{ij}\left(\frac{C_{ij}^t - C_{ij}^0}{\ln C_{ij}^t - \ln C_{ij}^0}\right) \times \ln \frac{m_{ij}^t}{m_{ij}^0}$$

$$\Delta C_f = \sum_{ij}\left(\frac{C_{ij}^t - C_{ij}^0}{\ln C_{ij}^t - \ln C_{ij}^0}\right) \times \ln \frac{f_j^t}{f_j^0}$$

$$\Delta C_s = \sum_{ij}\left(\frac{C_{ij}^t - C_{ij}^0}{\ln C_{ij}^t - \ln C_{ij}^0}\right) \times \ln \frac{s_j^t}{s_j^0}$$

$$\Delta C_a = \sum_{ij}\left(\frac{C_{ij}^t - C_{ij}^0}{\ln C_{ij}^t - \ln C_{ij}^0}\right) \times \ln \frac{a^t}{a^0}$$

$$\Delta C_p = \sum_{ij}\left(\frac{C_{ij}^t - C_{ij}^0}{\ln C_{ij}^t - \ln C_{ij}^0}\right) \times \ln \frac{p^t}{p^0} \tag{7.5}$$

由于各种能源的排放因子为定值，在进行 LMDI 分析时排放因子效应始终为 0，因此在下文对排放因子效应不做分析。

7.2.2 天津市总体碳排放影响因素分析

依据上述模型，对天津市 2000—2019 年总体碳排放影响因素进行分析，揭示能源结构效应、能源强度效应、产业结构效应、经济规模效应和人口规模效应 5 个影响因素对天津市碳排放的影响程度及其变化规律，模型结果见本书附录 3。由模型结果可知，能源结构效应、能源强度效应和产业结构效应对天津市碳排放具有抑制作用，其中能源强度效应的抑制作用最强；经济规模效应和人口规模效应对天津市碳排放具有促进作用，其中经济规模效应的正向促进作用最大。

（1）能源结构效应

能源结构效应表示由各类能源占比变化带来的碳排放变化。天津市能源结构效应对碳排放具有抑制作用，2000—2019 年能源结构效应的累计贡

献值为 -402.71×10^4 吨，累计贡献率为2.05%，总体贡献力度较小。

（2）能源强度效应

能源强度效应表示单位GDP的能源消费变化量对碳排放的影响，反映能源使用效率或技术水平。天津市各行业能源强度整体均呈不断下降趋势，表明天津市能源利用效率逐步上升。天津市能源强度效应对碳排放具有抑制作用，且该抑制作用较强，2000—2019年能源强度效应的累计贡献值为 $-5\ 281.50\times10^4$ 吨，累计贡献率为26.82%，在天津市所有碳排放抑制因素中抑制碳排放作用最大，且天津市大多数年份能源强度效应为负值，说明天津市能源强度对碳排放具有持续的抑制作用，因此提高能源利用效率，对天津市碳减排具有重要作用。

（3）产业结构效应

产业结构效应表示产业结构演变对碳排放的影响。2000—2019年天津市产业结构效应累计贡献值为 $-2\ 495.37\times10^4$ 吨，累计贡献率为15.32%，工业是天津市主要碳排放来源，2003—2004年与2006—2008年天津市工业占比为正，表现出产业结构对碳排放呈现正向促进作用，其余年份工业占比皆为负，对碳排放的作用呈现抑制状态，表明目前工业仍是碳减排的重点，调整产业结构、优化产业升级仍是大势所趋。

（4）经济规模效应

经济规模效应表示人均GDP增长对碳排放的影响。天津市经济规模效应对碳排放的影响为正向促进，2000—2019年经济规模效应的累计贡献值为 $8\ 602.72\times10^4$ 吨，累计贡献率为31.86%，对天津市碳排放影响最大，经济规模对碳排放的贡献值大部分为正值且整体呈增加趋势，表明经济规模对天津市碳排放具有持续增长的正向促进作用。

（5）人口规模效应

人口规模效应表示由人口变化带来的碳排放的变化。由LMDI模型分解结果可见，天津市人口规模效应对碳排放的影响仍呈现正向促进作用，2000—2019年天津市人口规模效应的累计贡献值为 $2\ 909.59\times10^4$ 吨，累计贡献率为13.20%，与经济规模效应对碳排放的贡献值相似，天津市人口规模效应大部分年份的贡献值度均为正值，说明天津市人口扩张对碳排放具有持续的正向拉动作用，2000—2019 年天津市常住人口逐年增加，由此带来的各种能源消费量及碳排放量随之不断增长，控制人口增长对于碳减排具有重要作用。

7.2.3 天津市分部门碳排放影响因素分析

7.2.3.1 农业部门碳排放影响因素分析

按照 LMDI 模型对天津市农业部门碳排放影响因素进行分析，模型结果显示对天津市农业部门碳排放影响较大的因素为经济规模效应和产业结构效应（见表 7.6），其中，经济规模效应对天津市农业部门碳排放呈现正向促进作用，产业结构效应对碳排放呈现负向抑制作用。2000—2019 年经济规模效应对天津市农业部门碳排放影响的累计贡献值为 152.49×10^4 吨，累计贡献率为 43.03%，对天津市农业部门碳排放促进作用最强；产业结构对天津市农业部门碳排放影响的累计贡献值为 -110.13×10^4 吨，累计贡献率为 31.07%，对天津市农业部门碳排放抑制作用最强；人口规模效应对天津市农业部门碳排放呈现正向促进作用，但促进作用较小，2000—2019 年人口规模效应对天津市农业部门碳排放影响的累计贡献值为 46.14×10^4 吨，累计贡献率为 13.01%；能源强度效应和能源结构效应对天津市农业部门碳排放影响不稳定，个别年份能够促进碳排放，但整体上两者均对天津市农业部门碳排放呈现抑制作用，其中能源强度效应的累计贡献值为 -39.63×10^4 吨，累计贡献率为 11.18%，能源结构效应的累计贡献值为 -6.05×10^4 吨，累计贡献率为 1.71%，对天津市农业碳排放影响最小。

天津市农业部门碳排放较少，随着经济的不断发展，农业更趋向于机械化和规模化，原煤、柴油等使用量逐步增加，拉动农业部门碳排放量不断增加，2000—2019 年天津市农业总产值不断增加，但农业总产值占比逐渐降低，有效抑制天津市农业部门碳排放量。

7.2.3.2 工业部门碳排放影响因素分析

天津市工业部门碳排放占比始终保持在 70% 左右，且整体呈不断增加

表 7.6　天津市农业部门碳排放影响因素分析

单位：10^4 吨

年度 / 因素	2000—2001	2001—2002	2002—2003	2003—2004	2004—2005	2005—2006	2006—2007	2007—2008	2008—2009	2009—2010	2010—2011	2011—2012	2012—2013	2013—2014	2014—2015	2015—2016	2016—2017	2017—2018	2018—2019
能源结构效应	1.19	2.12	-11.60	-0.76	1.58	3.20	-0.71	0.53	-1.48	0.25	0.08	2.40	1.71	-0.12	-0.33	-0.42	-0.13	-1.42	-2.14
能源强度效应	19.64	-3.66	-28.99	-0.51	8.09	-6.63	10.71	-11.46	4.03	-2.87	0.74	2.18	-31.86	-6.06	3.86	1.10	29.00	-5.22	-21.72
产业结构效应	-4.50	-4.67	-5.12	-4.12	-9.11	-10.35	-23.92	-13.29	-6.18	-8.75	-13.07	-5.81	-1.85	-2.72	-0.83	-3.28	-37.39	2.44	42.39
经济规模效应	9.74	11.05	10.29	13.09	13.05	12.22	13.96	18.36	6.81	15.77	19.08	8.67	8.48	7.12	3.77	9.01	5.31	1.59	-34.88
人口规模效应	0.24	0.31	0.24	0.91	1.59	2.75	3.40	5.07	4.26	6.01	4.91	4.13	5.15	3.52	2.42	1.28	-0.45	0.23	0.17

趋势，作为天津市高碳排放行业，对其碳排放影响因素进行分析，以探究天津市工业部门碳排放影响因素，分析结果如表 7.7 所示。对天津市工业部门碳排放影响较大的因素为经济规模效应和能源强度效应，其中，经济规模效应对天津市工业部门碳排放呈现正向促进作用，且促进作用较强，2000—2019 年经济规模效应对天津市工业部门碳排放影响的累计贡献值为 $6\,251.67 \times 10^4$ 吨，累计贡献率高达 43.37%，且大多数年份经济规模效应对天津市工业部门碳排放的影响均为正值，说明经济发展对天津市工业部门碳排放具有持续的正向促进作用；整体上能源强度效应对天津市工业部门碳排放呈现较强的抑制作用，2000—2019 年能源强度效应对碳排放的累计贡献值为 $-3\,037.95 \times 10^4$ 吨，累计贡献率为 21.08%，对天津市工业部门碳排放的抑制作用最强。产业结构效应和能源结构效应对天津市工业部门碳排放影响效果不稳定，个别年份对碳排放呈现促进作用，但整体均对碳排放呈现抑制作用，2000—2019 年两者的累计贡献值分别为 $-2\,321.45 \times 10^4$ 吨和 -655.69×10^4 吨，累计贡献率分别为 16.11% 和 4.55%，对天津市工业部门碳排放影响程度总体较小。人口规模效应对天津市工业部门碳排放呈现正向促进作用，2000—2019 年人口规模对天津市工业部门碳排放的影响累计贡献值为 $2\,147.57 \times 10^4$ 吨，累计贡献率为 14.90%。

7.2.3.3 建筑部门碳排放影响因素分析

对天津市建筑部门碳排放影响较大的因素有经济规模效应、人口规模效应和能源强度效应（见表 7.8）。其中，经济规模效应和人口规模效应对天津市建筑部门碳排放具有促进作用，大多数年份的经济规模效应为正值，2000—2019 年经济规模效应对建筑部门碳排放的贡献整体不稳定，2000—2019 年经济规模效应对天津市建筑部门碳排放的累计贡献值为 291.45×10^4 吨，累计贡献率达 34.59%；除 2016—2017 年人口规模效应对碳排放量的贡献值为负值外，其余年份均为正值，2000—2019 年人口规模效应的累计贡献值为 107.52×10^4 吨，累计贡献率为 12.76%；能源强度效应和能源结构效应对天津市建筑部门碳排放总体均呈现抑制效应，2000—2019 年对天津市建筑部门碳排放的累计贡献值分别为 -282.05×10^4 吨和 -132.53×10^4 吨，累计贡献率分别为 33.47% 和 15.73%；整体

表 7.7　天津市工业部门碳排放影响因素分析

单位：10^4 吨

因素＼年度	2000—2001	2001—2002	2002—2003	2003—2004	2004—2005	2005—2006	2006—2007	2007—2008	2008—2009	2009—2010	2010—2011	2011—2012	2012—2013	2013—2014	2014—2015	2015—2016	2016—2017	2017—2018	2018—2019
能源结构效应	-21.81	-30.71	-55.63	68.40	2.49	75.91	-10.75	-100.70	60.88	-215.16	-58.49	37.23	-40.14	-92.87	-203.59	92.16	-63.11	808.94	-908.74
能源强度效应	-146.18	174.74	-214.73	-549.80	-605.26	-214.39	-198.77	-628.25	81.36	-1 390.23	-467.56	-3.79	-217.45	-184.09	13.46	-231.43	-567.46	-1 170.31	3 482.19
产业结构效应	-62.61	-31.32	37.23	368.75	76.48	112.01	-152.93	18.57	-274.00	-34.39	21.69	-62.02	-128.71	-197.69	-393.48	-597.85	-148.63	1.70	-874.25
经济规模效应	284.24	286.91	158.25	529.45	508.86	482.30	616.56	875.19	345.32	722.09	791.13	486.70	402.82	373.20	188.23	393.84	212.59	61.36	-1 467.37
人口规模效应	7.06	8.03	3.65	36.62	61.79	108.47	150.23	241.63	215.71	275.16	203.62	231.54	244.49	184.48	120.94	56.06	-17.98	8.82	7.25

表 7.8　　天津市建筑部门碳排放影响因素分析

单位：10^4 吨

年度 因素	2000—2001	2001—2002	2002—2003	2003—2004	2004—2005	2005—2006	2006—2007	2007—2008	2008—2009	2009—2010	2010—2011	2011—2012	2012—2013	2013—2014	2014—2015	2015—2016	2016—2017	2017—2018	2018—2019
能源结构效应	58.52	-130.98	-39.73	0.22	-5.76	-1.97	-1.54	-3.68	1.83	1.77	-3.08	1.00	1.54	-0.91	-1.01	-1.28	-2.51	1.67	-6.63
能源强度效应	-26.23	-208.54	-36.07	28.64	0.14	-1.67	-0.75	98.00	-69.46	10.96	-3.89	-5.97	-31.31	-36.53	-1.38	12.26	1.83	-3.36	-8.72
产业结构效应	2.40	-3.44	-1.73	1.87	1.77	-0.13	-2.25	-2.35	27.76	-11.27	-17.20	-16.10	-2.67	17.37	9.27	-7.08	-37.37	-49.94	120.15
经济规模效应	18.36	40.59	16.68	9.44	10.71	12.13	15.75	32.09	16.62	38.18	49.41	29.91	23.58	21.69	11.60	28.07	16.48	4.65	-104.49
人口规模效应	0.46	1.14	0.38	0.65	1.30	2.73	3.84	8.86	10.38	14.55	12.72	14.23	14.31	10.72	7.45	4.00	-1.39	0.67	0.52

上产业结构效应对天津市建筑部门碳排放表现为促进作用，2000—2019 年产业结构效应的累计贡献值为29.06 $\times 10^4$ 吨，累计贡献率为3.45%，对天津市建筑部门碳排放的影响最小。

7.2.3.4 交通运输部门碳排放影响因素分析

LMDI 模型结果显示对天津市交通运输部门碳排放影响较大的因素为经济规模效应和能源强度效应，经济规模效应对天津市交通运输业部门的影响表现为正向促进作用，大部分年份经济规模效应的贡献值均为正值，表明经济规模效应对天津市交通运输部门碳排放具有持续正向促进作用，且在各影响因素中促进作用最大，2000—2011 年经济规模效应的贡献值呈增长趋势，2000—2001 年经济规模效应贡献值为 56.34 $\times 10^4$ 吨，2007—2008 年增至 138.19 $\times 10^4$ 吨，因 2009 年天津市人均 GDP 较 2008 年增长较少，导致 2008—2009 年经济规模效应对天津市交通运输部门碳排放贡献较小，贡献值为 54.64 $\times 10^4$ 吨，2009—2010 年经济规模效应对天津市交通运输部门碳排放的贡献值为 126.22 $\times 10^4$ 吨，2011 年后天津市人均 GDP 增速较缓，对交通运输部门碳排放影响逐渐减小，2000—2019 年经济规模效应对天津市交通运输部门碳排放的累计贡献值为 1 104.36 $\times 10^4$ 吨，累计贡献率达 42.22%；能源强度效应对天津市交通运输部门碳排放作用整体表现为抑制作用，2000—2019 年能源强度效应的累计贡献值为 -801.59×10^4 吨，累计贡献率为 30.65%，在各影响因素中对天津市交通运输部门碳排放的抑制作用最大；2016 年天津市人口减少，使人口规模效应对天津市交通运输部门碳排放影响呈现抑制作用，其余各年份人口规模效应对天津市交通运输部门碳排放影响均呈现促进作用，且该作用整体表现为先增加后减少趋势，2000—2019 年人口规模效应对天津市交通运输部门碳排放的累计贡献值为 355.90 $\times 10^4$ 吨，累计贡献率为 13.61%；与人口规模相比，产业结构效应和能源结构效应对天津市交通运输部门碳排放的影响波动较大，其中，产业结构效应整体表现为抑制状态，2000—2019 年累计贡献值为 -260.31×10^4 吨，累计贡献率为 9.95%，能源结构效应的整体影响较小，2000—2019 年累计贡献值为 -93.44×10^4 吨，累计贡献率仅占 3.57%（见表 7.9）。

表 7.9　天津市交通运输部门碳排放影响因素分析

单位：10^4 吨

年度 因素	2000—2001	2001—2002	2002—2003	2003—2004	2004—2005	2005—2006	2006—2007	2007—2008	2008—2009	2009—2010	2010—2011	2011—2012	2012—2013	2013—2014	2014—2015	2015—2016	2016—2017	2017—2018	2018—2019
能源结构效应	0.39	0.91	88.68	-72.42	-0.27	-2.77	1.00	1.48	-4.05	1.13	1.41	-3.17	-32.21	-7.19	4.53	-7.05	-18.47	44.15	-89.52
能源强度效应	-59.94	-26.56	91.44	-82.88	-12.95	-50.67	-203.06	-110.10	1.36	-114.80	-14.68	-40.27	-215.23	355.53	-319.27	16.58	-47.25	-83.45	114.61
产业结构效应	8.89	7.02	-51.51	-16.99	-102.64	-38.89	63.97	13.72	-28.69	11.38	-116.35	-51.10	-43.28	-86.54	-34.94	-70.69	31.17	26.49	218.67
经济规模效应	56.34	55.64	71.56	78.79	103.00	91.02	102.23	138.19	54.64	126.22	148.59	85.73	59.01	54.30	27.61	58.09	33.83	10.40	-250.83
人口规模效应	1.40	1.56	1.65	5.45	12.51	20.47	24.91	38.15	34.13	48.10	38.25	40.79	35.81	26.84	17.74	8.27	-2.86	1.49	1.24

7.2.3.5　批发零售部门碳排放影响因素分析

天津市批发零售部门碳排放影响因素主要有经济规模效应和能源强度效应，两者对天津市批发零售部门碳排放的影响分别呈促进和抑制作用，其中能源强度效应影响波动较大但其整体抑制作用最强，2000—2019年能源强度效应累计贡献值为 -711.85×10^4 吨，累计贡献率为48.78%；模型结果显示经济规模效应能够促进天津市批发零售部门碳排放，2000—2019年经济规模效应对天津市批发零售部门碳排放的累计贡献值为 544.24×10^4 吨，累计贡献率达37.30%；与工业部门分析结果相似，产业结构效应对天津市批发零售部门碳排放的影响整体呈抑制作用，产业结构效应的影响结果及其贡献值变化波动较大，2000—2019年产业结构效应的累计贡献值为 -46.33×10^4 吨，累计贡献率为3.18%；人口规模效应对天津市批发零售部门碳排放的影响呈正向促进作用，与产业结构效应相比，人口规模效应对碳排放的影响较稳定，2000—2019年人口规模效应的累计贡献值为 133.79×10^4 吨，累计贡献率为9.17%；能源结构效应对天津市批发零售部门碳排放的影响整体呈现抑制作用，且影响程度最小，2000—2019年能源结构效应累计贡献值为 -23.02×10^4 吨，累计贡献率仅为1.58%（见表7.10）。

7.2.3.6　其他部门碳排放影响因素分析

与工业、建筑业、交通运输业、批发零售业等部门碳排放影响因素分析结果相似，经济规模效应和能源强度效应仍是对其他部门碳排放影响较大的因素，且两者对碳排放分别表现为正向促进和负向抑制作用，其中能源强度效应对其他部门碳排放影响较大，2000—2019年能源强度效应对天津市其他部门碳排放的累计贡献值和累计贡献率分别为 -703.23×10^4 吨和48.52%，经济规模效应对其他部门碳排放影响变化较大，2000—2019年经济规模效应对天津市其他部门碳排放的累计贡献值为 350.80×10^4 吨，累计贡献率为24.20%，经济规模效应在各影响因素中对碳排放的促进作用最大；人口规模效应对天津市其他部门碳排放的影响除2016—2017年外均表现为持续的正向促进作用，但其影响程度较小，2000—2019年人口规模效应的累计贡献值和累计贡献率分别为 119.52×10^4 吨和8.25%；与批

表 7.10　天津市批发零售部门碳排放影响因素分析

单位：10^4 吨

年度 因素	2000—2001	2001—2002	2002—2003	2003—2004	2004—2005	2005—2006	2006—2007	2007—2008	2008—2009	2009—2010	2010—2011	2011—2012	2012—2013	2013—2014	2014—2015	2015—2016	2016—2017	2017—2018	2018—2019
能源结构效应	-39.59	-6.13	-202.90	211.18	-7.28	16.14	-19.87	-69.72	5.65	7.84	-5.13	-58.11	-66.97	-4.76	6.63	8.46	27.75	285.33	-111.54
能源强度效应	36.63	-98.31	-74.90	-13.15	-49.24	-26.34	-62.29	-293.99	-5.56	-31.33	-78.19	-5.63	-111.84	12.54	30.88	3.96	-3.76	-407.67	466.34
产业结构效应	-1.05	-6.38	3.87	61.74	-2.81	-36.78	14.55	-16.42	10.68	13.53	23.76	1.82	2.86	-16.48	-24.90	2.99	-12.18	3.04	-68.17
经济规模效应	40.01	41.34	25.65	28.18	66.00	57.28	68.52	60.96	16.45	40.31	47.81	27.02	17.48	13.62	7.44	25.76	33.83	3.95	-77.37
人口规模效应	0.99	1.16	0.59	1.95	8.01	12.88	16.70	16.83	10.28	15.36	12.31	12.85	10.61	6.73	4.78	3.67	-2.86	0.57	0.38

发零售部门分析结果相反，产业结构效应对天津市其他部门碳排放的影响总体呈促进作用，2000—2019 年产业结构效应的累计贡献值和累计贡献率分别为 206.18×10^4 吨和 14.23%；能源结构效应对天津市其他部门碳排放的影响表现为抑制作用，但抑制作用较小，2000—2019 年累计贡献值为 -69.69×10^4 吨，累计贡献率为 4.81%（见表 7.11）。

7.3　工业分行业影响因素分析

7.3.1　LMDI 模型建立

7.3.1.1　模型设计

本书应用 LMDI 模型对天津市工业分行业碳排放进行因素分解，结合刘裕生[156]、范玲[157]等现有研究中碳排放影响因子的设置，将其分解为人口规模、经济发展、行业结构、能源消耗强度、能源消耗结构以及碳排放系数 6 个因素，得到如下能源消费碳排放等式：

$$C=\sum_{ij}C_{ij}=\sum_{ij}P\times\frac{Q}{P}\times\frac{Q_i}{Q}\times\frac{E_i}{Q_i}\times\frac{E_{ij}}{E_i}\times\frac{C_{ij}}{E_{ij}}=\sum_{ij}P\times K\times L_i\times M_{ij}\times N_{ij}\times R_{ij}\tag{7.6}$$

其中，P 代表工业部门从业总人数，单位为“人”，表示人口规模；

Q 代表工业总产值，单位为“10^4 元”；

Q_i 代表工业部门内各行业产值，单位为“10^4 元”；

E_i 代表各行业的标准煤能耗量，单位为 10^4 吨；

E_{ij}代表各行业的各种能源消耗量，单位为 10^4 吨；

K 代表工业行业人均工业产值，表示经济发展水平；

L_i 代表行业产值占工业产值比例，表示行业结构；

M_{ij}代表行业单位产值能耗，表示能源消耗强度；

表 7.11　　天津市其他部门碳排放影响因素分析　　单位：10^4 吨

年度 因素	2000—2001	2001—2002	2002—2003	2003—2004	2004—2005	2005—2006	2006—2007	2007—2008	2008—2009	2009—2010	2010—2011	2011—2012	2012—2013	2013—2014	2014—2015	2015—2016	2016—2017	2017—2018	2018—2019
能源结构效应	36.73	-47.23	7.56	2.75	3.70	-0.42	-0.97	-1.15	-16.30	-8.05	9.83	-8.58	-3.97	-0.19	3.02	-6.59	-28.25	54.36	-65.94
能源强度效应	-247.37	-48.75	1.08	60.70	-64.61	-19.31	-25.59	31.17	-32.32	-44.46	-61.36	-20.17	-48.52	-54.59	-13.70	-58.76	-65.31	-123.57	132.21
产业结构效应	9.64	3.39	-1.42	-63.69	1.37	1.41	12.55	6.02	21.97	-0.67	-2.00	12.56	14.22	32.46	30.83	66.39	17.22	1.81	42.12
经济规模效应	29.87	15.14	12.72	29.72	26.14	21.38	25.79	41.95	19.45	43.92	49.49	28.68	22.82	20.62	11.20	27.56	15.82	4.29	-95.76
人口规模效应	0.74	0.42	0.29	2.06	3.17	4.81	6.28	11.58	12.15	16.74	12.74	13.64	13.85	10.19	7.19	3.92	-1.34	0.62	0.47

N_{ij}代表各行业消耗各种能源占行业消耗能源比例，表示能源消耗结构；

R_{ij}代表单位能耗的碳排放，表示碳排放系数。

即，碳排放的综合效应为 $\ln I = \ln a + b\ln P + c\ln A + d\ln T + \ln e$，人口规模效应为 ΔC_P，经济发展水平效应为 ΔC_K，行业结构效应为 ΔC_L，能源强度效应为 ΔC_M，能源结构效应为 ΔC_N，由于碳排放系数是确定的，因此 $\Delta C_R = 0$，于是相对于基期，第 t 年的碳排放变化公式如下：

$$\begin{aligned}\Delta C &= \Delta C_P + \Delta C_K + \Delta C_L + \Delta C_M + \Delta C_N + \Delta C_R \\ &= \Delta C_P + \Delta C_K + \Delta C_L + \Delta C_M + \Delta C_N\end{aligned} \tag{7.7}$$

得到 LMDI 分解模型如下：

$$\Delta C_{因素} = \sum_{ij} \frac{C_{ij}^{t} - C_{ij}^{t-1}}{\ln C_{ij}^{t} - \ln C_{ij}^{t-1}} \ln\left(\frac{X^{t}}{X^{t-1}}\right) \tag{7.8}$$

其中，X 表示上述 5 个因素的任何一个因素。

根据上述 LMDI 模型公式，分别得到天津市工业分行业人口规模变化、经济发展水平变化、行业结构变化、能源消耗强度变化、能源消耗结构变化对分行业碳排放的影响情况，计算公式如下：

$$\Delta C_P = \sum_{ij} \frac{C_{ij}^{t} - C_{ij}^{t-1}}{\ln C_{ij}^{t} - \ln C_{ij}^{t-1}} \ln\left(\frac{P^{t}}{P^{t-1}}\right)$$

$$\Delta C_K = \sum_{ij} \frac{C_{ij}^{t} - C_{ij}^{t-1}}{\ln C_{ij}^{t} - \ln C_{ij}^{t-1}} \ln\left(\frac{K^{t}}{K_i^{t-1}}\right)$$

$$\Delta C_L = \sum_{ij} \frac{C_{ij}^{t} - C_{ij}^{t-1}}{\ln C_{ij}^{t} - \ln C_{ij}^{t-1}} \ln\left(\frac{L_i^{t}}{L_i^{t-1}}\right)$$

$$\Delta C_M = \sum_{ij} \frac{C_{ij}^{t} - C_{ij}^{t-1}}{\ln C_{ij}^{t} - \ln C_{ij}^{t-1}} \ln\left(\frac{M_{ij}^{t}}{M_{ij}^{t-1}}\right)$$

$$\Delta C_N = \sum_{ij} \frac{C_{ij}^{t} - C_{ij}^{t-1}}{\ln C_{ij}^{t} - \ln C_{ij}^{t-1}} \ln\left(\frac{N_{ij}^{t}}{N_{ij}^{t-1}}\right) \tag{7.9}$$

将上述计算结果分别进行累加，会得到时间序列累计的人口规模、经济发展、行业结构、能源消耗强度、能源消耗结构 5 个因素变化对碳排放带来的影响贡献值，计算公式如下：

$$(\Delta C_N)_{0,T} = (\Delta C_N)_{0,t} + (\Delta C_N)_{t,t+1} + \cdots + (\Delta C_N)_{T,T-1} \tag{7.10}$$

进行 LMDI 模型分析所需要的工业部门从业人数、各行业生产总值、能源消耗量及其结构等数据均来源于历年《天津市统计年鉴》。

7.3.1.2 影响因素选择

本书通过分析以往关于工业碳排放影响因素[158]的研究，将工业碳排放影响因素总结为人口规模、从业人数、经济发展水平、经济结构、能源消耗强度、能源消耗结构、能源价格、人均可支配收入等，并在分析了天津市工业碳排放相关研究的基础上[159]，选择人口规模、工业发展、行业结构、能源消耗强度、能源消耗结构和碳排放系数为碳排放影响因素。

（1）人口规模

本书选择的人口规模因素指的是一年内平均工业从业人数（单位：人），人口规模反映工业发展需要，通过人的生产行为来影响碳排放。

（2）工业发展

本书所选工业发展因素指的是人均工业产值（单位：元/人），代表整体工业发展水平。在目前我国粗放型经济的发展方式下，工业发展水平提升势必带来化石能源消耗量的增加，因而使得碳排放量增加，工业发展水平提升也会带来生产技术的提高，可能会带来能源强度和能源结构的变化。

（3）行业结构

本书所选行业结构因素指的是某一行业生产总值占工业总产值的比重，代表行业发展水平，这一比重的增加，往往伴随着工业发展水平的提升和能源消耗强度的变化。

（4）能源消耗强度

本书中能源消耗强度因素是某一行业万元生产总值所消耗的标准煤数量（单位：吨/10^4 元），能源强度越大表明行业的能源利用率越小，在节能方面有进步空间。

（5）能源消耗结构

本书中能源消耗结构因素指的是某一行业的原油、石油、天然气等能源消耗量转换成标准煤量，占总体能源消耗的比值。能源消耗结构反映化石能源与清洁能源的利用情况，我国目前能耗以煤炭、石油等为主，清洁能源使用比例不高。

（6）碳排放系数

本书碳排放系数指的是单位能源的碳排放量，且碳排放系数是固定值，因此研究过程中不做分析。

7.3.2　工业整体碳排放影响因素分析

依据公式（7.9），对2000—2019 年天津市工业 32 个行业碳排放进行LMDI 影响因素分析，根据模型结果分析人口规模、经济发展、行业结构、能源消耗强度、能源消耗结构 5 个因素对各行业碳排放的影响情况（模型结果见本书附录 4）。

将模型结果按照行业进行累加整理，得到时间序列上各因素对工业整体碳排放的影响贡献值，如表 7.12 所示。

表 7.12　　天津市工业碳排放影响因素逐年贡献值　　单位：10^4 吨

年度	人口规模	工业发展	行业结构	能源消耗强度	能源消耗结构
1999—2000	-155.74	369.34	-97.57	-90.06	34.26
2000—2001	73.75	228.99	171.80	247.95	-127.83
2001—2002	-36.49	346.83	-89.31	-109.11	126.77
2002—2003	-144.34	738.75	95.71	-653.47	-14.92
2003—2004	116.63	234.06	-1 721.48	1 941.35	-18.97
2004—2005	209.48	385.26	0.00	-515.68	-105.29
2005—2006	-315.91	315.91	0.00	545.45	-240.20
2006—2007	89.02	684.04	0.00	-319.75	-8.67
2007—2008	37.12	939.84	0.00	-524.67	-24.80
2008—2009	639.92	1 520.89	7 274.24	-9 011.84	-0.53
2009—2010	397.77	682.98	-315.75	-1 133.88	-26.84
2010—2011	31.10	992.72	127.95	-714.91	-28.78
2011—2012	228.21	312.89	-224.22	258.64	-96.77
2012—2013	92.95	612.58	-221.81	143.89	-52.79
2013—2014	73.06	247.73	183.48	-575.66	250.44

续表

年度	人口规模	工业发展	行业结构	能源消耗强度	能源消耗结构
2014—2015	-211.08	384.78	-285.62	-90.82	11.61
2015—2016	-603.86	619.22	34.23	-246.70	0.00
2016—2017	-1 681.20	1 766.70	-35.59	-626.10	0.00
2017—2018	-118.32	170.46	-32.29	-536.18	0.00
2018—2019	-25.99	97.94	-52.11	147.66	0.00
累计	-1 303.92	11 651.93	4 811.66	-11 863.88	-323.31
平均值	-76.70	685.41	283.04	-697.88	-19.02
标准差	448.25	430.80	1 660.02	2 029.53	98.43

通过表 7.12 看出，工业发展因素的碳排放贡献值历年均为正数，2000—2019 年累计贡献值为 11 651.93 $\times 10^4$ 吨，工业发展作用显著，是碳排放增加的最主要因素。行业结构因素的碳排放累计和平均贡献值均为正数，整体上为促进碳排放。人口规模、能源消耗强度和能源消耗结构的历年平均和累计贡献值均为负数，表明这 3 个因素对工业碳排放的增加起到抑制作用，即人口规模、能源消耗强度和能源消耗结构是促进碳减排的影响因素。其中，人口规模因素的累计贡献值为 -1 303.92 $\times 10^4$ 吨，平均贡献值为 -76.70 $\times 10^4$ 吨，能源消耗强度因素的累计贡献值为 -11 863.88 $\times 10^4$ 吨，平均贡献值为 -697.88 $\times 10^4$ 吨，能源消耗结构的累计贡献值为 -323.31 $\times 10^4$ 吨，平均贡献值为 -19.02 $\times 10^4$ 吨，表明能源消耗强度促进碳减排的作用更加显著。另外，从贡献值的标准差来看，能源消耗强度因素标准差最大，表明能源消耗强度对于碳排放的影响最大。通过以上分析可以看出，能源消耗强度、工业发展和行业结构是天津市工业整体碳排放的 3 个关键影响因素。

7.3.3 工业分行业碳排放影响因素分析

为了深度分析人口规模、工业发展、行业结构、能源消耗强度和能源消耗结构 5 个因素对各行业碳排放的影响，分别对 2000—2019 年高排放行业、中高排放行业、中排放行业、中低排放行业、低排放行业的 LMDI 模型结果进行整理分析，从各类行业的角度进行影响因素分析。

7.3.3.1　高排放行业

5 个因素对高排放行业的影响情况如表 7.13 所示。

表 7.13　各因素对高排放行业碳排放的贡献情况　单位：10^4 吨

行业＼因素	人口规模	工业发展	行业结构	能源消耗强度	能源消耗结构
B07	0.62	385.79	−70.88	−353.10	−90.59
C25	30.72	705.45	−14.65	−584.32	−101.31
C26	−521.78	1 809.22	−145.75	−470.64	331.84
C30	−28.17	512.53	14.16	−409.05	−61.80
C31	−682.67	6 122.76	5 021.21	−8 021.38	−76.57

对高排放行业总体而言，工业发展因素对碳排放的贡献值为9 535.75 × 10^4 吨，行业结构因素对碳排放的贡献值为 4 804.14 × 10^4 吨，两个因素的贡献值是碳排放增加的主要因素；能源消耗强度因素对碳排放的贡献值为 −9 838.49 × 10^4 吨，表明因能源强度降低而带来的累计碳减排量为 9 838.49 × 10^4 吨，即能源消耗强度是高排放行业碳减排的主导因素。因此工业发展、行业结构和能源消耗强度是高排放行业碳排放主要影响因素，其中工业发展、行业结构为高排放因素，能源消耗强度为高减排因素。

从高排放行业内部来看，黑色金属冶炼及压延工业（C31）的工业发展、行业结构、能源消耗强度 3 个因素的贡献值分别为 6 122.76 × 10^4 吨、5 021.21 × 10^4 吨、−8 021.38 × 10^4 吨，表明黑色金属冶炼及压延工业的碳排放主要影响因素与高排放行业总体相符。石油加工炼焦及核燃料加工业（C25）的工业发展因素的贡献值为 705.45 × 10^4 吨，是最主要的影响因素。石油和天然气开采业（B07）等其他高排放行业受 5 种因素的影响较小，因此高排放行业内部行业的影响因素存在差异，非金属矿物制品业（C30）应着重降低工业发展和行业结构，石油加工炼焦及核燃料加工业（C25）应着重降低工业发展。

7.3.3.2　中高排放行业

5 个因素对中高排放行业的影响情况如表 7.14 所示。

表 7.14　各因素对中高排放行业碳排放的贡献情况　单位：10^4 吨

因素 行业	人口规模	工业发展	行业结构	能源消耗强度	能源消耗结构
C13	-3.09	58.57	1.62	-55.75	-7.03
C14	-7.16	79.77	49.60	-118.32	-12.80
C15	1.94	111.61	6.71	-135.21	-3.72
C17	-2.10	110.58	-94.06	-65.47	-4.80
C22	-0.22	96.33	-13.85	-104.39	-4.75
C27	-0.86	85.90	-10.04	-91.07	-11.32
C29	-0.40	143.25	-8.13	-131.78	-15.59
C32	-9.98	77.66	17.12	-47.86	-16.94
C33	-14.52	168.60	17.95	-140.14	-21.06
C34	-15.66	122.27	27.33	-147.67	-20.69
C35	-9.17	65.05	-6.36	-50.72	-16.75
C37	-8.56	145.38	38.95	-161.99	-17.83
D44	0.58	89.82	9.63	-116.53	1.68

对中高排放行业总体而言，工业发展因素对碳排放的贡献值显著，达 1 354.79 × 10^4 吨，是主要的碳排放因素，并表现为促进碳排放作用。能源消耗强度的贡献值达 -1 366.90 × 10^4 吨，人口规模的贡献值为 -69.20 × 10^4 吨、行业结构的贡献值为 36.47 × 10^4 吨、能源消耗结构的贡献值为 -151.60 × 10^4 吨，因此，人口规模、能源消耗强度和能源消耗结构对中高排放行业表现为促进碳减排的作用，其中能源消耗强度为高减排因素。

从中高排放行业内部来看，通用设备制造业（C34）的工业发展和能源消耗强度因素贡献值分别为 122.27 × 10^4 吨和 -147.67 × 10^4 吨，为中高排放行业中的较大值，因此工业发展对 C34 碳排放的影响较大，能源消耗强度贡献值是 -147.67 × 10^4 吨，为中高排放行业中的较小值，表明能源消耗强度对 C34 的影响十分强烈。因此，C34 的高减排因素是能源消耗强度，高排放因素是工业发展。另外，人口规模、行业结构和能源消耗结构因素对所有中高排放行业贡献值整体较小，影响较小，这表明工业发展和能源消耗强度为所有中高排放行业中的高排放与高减排因素。

7.3.3.3 中排放行业

5 个因素对中排放行业的影响情况如图 7.1 所示。

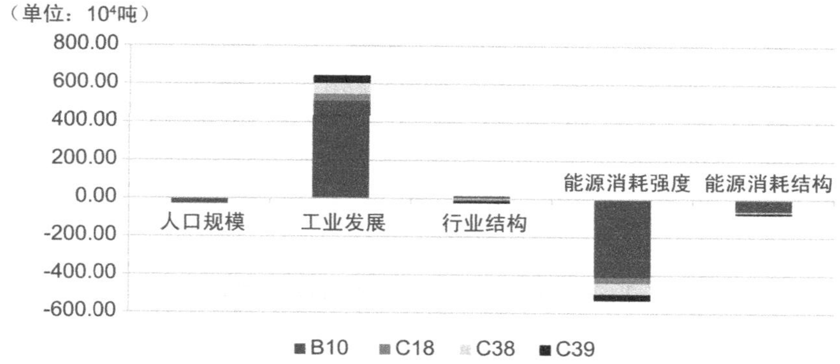

图 7.1 各因素对中排放行业碳排放的贡献情况

对于中排放行业总体而言，工业发展因素的贡献值为 644.9×10^4 吨，是碳排放增加的主导因素。能源消耗强度的贡献值为 -531.72×10^4 吨，表明能源消耗强度对中排放行业碳排放表现为促进碳减排的作用，是碳减排主导因素。另外，人口规模、行业结构、能源消耗结构对中排放行业碳排放的贡献值均为负数，表明均具有促进碳减排的作用。因此，中排放行业的高排放因素是工业发展，高减排因素是能源消耗强度。

从中排放行业内部来看，工业发展因素对各行业的贡献值在 40×10^4—520×10^4 吨之间，为高排放因素；人口规模、能源消耗强度和能源消耗结构对各行业的贡献值均为负值，其中，能源消耗强度作用相对均衡，是各行业的高减排因素。另外，行业结构因素对电气机械及器材制造业（C38）贡献值为 1.92×10^4 吨，是该行业的高排放因素。

7.3.3.4 中低排放行业

5 个因素对中低排放行业的影响情况如图 7.2 所示。

对中低排放行业总体而言，工业发展因素的贡献值为 34.62×10^4 吨，占碳排放总量最大，是高排放因素。能源消耗强度因素的贡献值为 -43.31×10^4 吨，是高减排因素。另外，中低排放行业的各因素效应与中高排放行业类似，但中低排放行业中行业结构带来的碳减排效应更加显著。

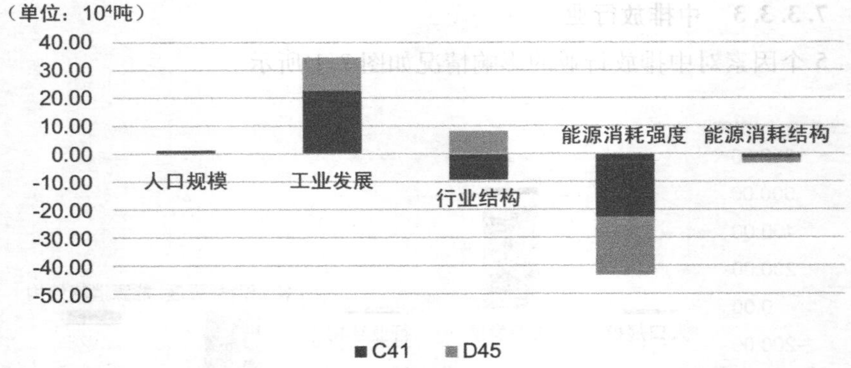

图 7.2　各因素对中低排放行业碳排放的贡献情况

从中低行业内部来看，工业发展对各行业碳排放影响贡献值均为正数，是各行业的高排放因素，其中对工艺品及其他制造业（C41）贡献值最高，为 22.53 × 10^4 吨；行业结构对工艺品及其他制造业（C41）贡献值为负数，表现为促进碳减排，对燃气生产和供应业（D45）则表现为促进碳排放增加；能源消耗强度和能源消耗结构因素对上述两个行业的贡献值均为负数，为促进碳减排因素，其中能源消耗强度表现明显；人口规模对上述两个行业的贡献值较小，表现均不太显著。因此可以看出，中低排放行业内部的高排放因素是工业发展，高减排因素是能源消耗强度。

7.3.3.5　低排放行业

5 个因素对低排放行业的影响情况如表 7.15 所示。

表 7.15　各因素对低排放行业碳排放的贡献情况　单位：10^4 吨

行业＼因素	人口规模	工业发展	行业结构	能源消耗强度	能源消耗结构
C19	−0.27	10.24	−4.10	−11.36	−0.65
C20	−0.10	13.78	−8.30	−9.65	−0.93
C21	0.01	14.86	−6.98	−10.60	−1.13
C23	−0.91	10.01	−1.26	−5.44	−4.43
C24	−1.92	12.24	6.96	−19.09	−3.02
C28	−1.08	11.99	−7.61	−12.50	−1.55

续表

行业＼因素	人口规模	工业发展	行业结构	能源消耗强度	能源消耗结构
C40	-0.32	7.90	0.69	-14.30	-1.10
D46	0.42	0.85	-0.04	-0.54	-0.07

从低排放行业总体而言，人口规模因素的贡献值为 -4.17×10^4 吨，表明人口规模对碳排放作用甚微；工业发展贡献值为 81.87×10^4 吨，能源消耗强度和能耗结构分别为 -83.48×10^4 吨、-12.88×10^4 吨；行业结构贡献值为 -20.64×10^4 吨，且是高减排因素，减排作用相对显著。

从低排放行业内部来看，工业发展对于各个行业均为高排放因素；能源消耗强度和能源消耗结构对各行业的影响与工业发展正好相反；行业结构对仪器仪表及文化办公用机械制造业（C40）表现为抑制碳减排作用，对其他行业均表现为促进碳减排作用。另外，人口规模对各行业碳排放的作用微小。

通过以上分析可以看出，人口规模因素对各行业整体碳排放作用最小；工业发展和能源消耗强度作用最大，且工业发展对各行业碳排放均表现为促进碳排放，为高排放因素，能源消耗强度与之相反；行业结构对碳排放较高的行业表现为促进碳排放，且促进作用仅次于工业发展，对碳排放较低的行业则表现为促进碳减排；能源消耗结构与人口规模作用程度相似。因此，为了深入了解高排放因素和高减排因素的影响规律，本书对高排放和高减排因素进行以下分析。

7.3.4　高排放因素分析

天津市高排放因素主要包括工业发展及行业结构，其中工业发展对工业行业整体表现为促进碳排放，行业结构主要对高排放行业表现为促进碳排放。

7.3.4.1　工业发展因素分析

工业发展因素用人均工业产值表示。2000—2019 年，天津市工业发展累计贡献值为 8 238.94 $\times 10^4$ 吨，凸显工业发展对碳排放增加的巨大推动力。从工业行业内部看来，碳排放量越高的行业，其工业发展影响贡献值越大。由图 7.3 可以看出，工业发展对高排放行业的贡献值占总体的 81.84%，低排放行业仅占 0.7%，表明工业发展因素对碳排放的促进作用主要体现在高排放行业。究其原因，高排放行业由石油和天然气开采业（B07）、石油加工炼焦及核燃料加工业（C25）、化学原料及化学制品制造业（C26）等组成，属于能源密集型产业，能源依赖性强，这类行业在能源供给充足的条件下，会随着工业经济整体的发展而得到大力发展，从而带来碳排放的大幅增加，因此工业发展因素对工业碳排放的影响规律主要表现在工业经济的发展促进高排放行业发展方面。

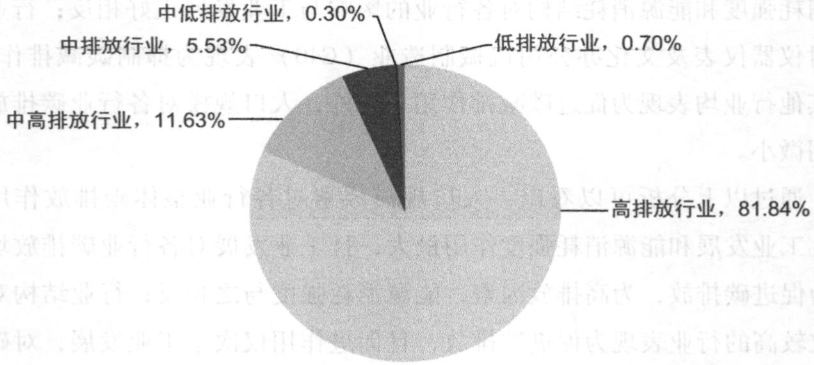

图 7.3　各类行业的工业发展因素贡献值占比情况

在确定工业发展能够促进行业发展，从而促进碳排放增加之后，进一步研究工业发展速度与碳排放的关系。用工业发展同比增长值表示工业发展速度，由图 7.4 可以看出，2000—2019 年，天津市工业发展贡献值的变化趋势与工业发展速度一致，其中，2006 年以后，工业发展同比增长值增速加快，工业发展因素的碳排放贡献值呈现更快的增长趋势，如 2008 年工业发展同比增长值为 61.82%，其碳排放贡献值较上年增长 581.05 $\times 10^4$ 吨，2010 年工业发展同比增长值为 −55.09%，其碳排放贡献值较上年减少 837.92 $\times 10^4$ 吨。2011 年，工业发展同比增长值为 45.35%，贡献值较 2010 年增长 309.74 $\times 10^4$ 吨，表明当工业发展增速放缓时，其碳排放贡献值也呈现快速减少。这证明工业发展因素的碳排放贡献值与工业发展速度有关，当工业发展增速加快时，因其变化而产生的碳排放增加。

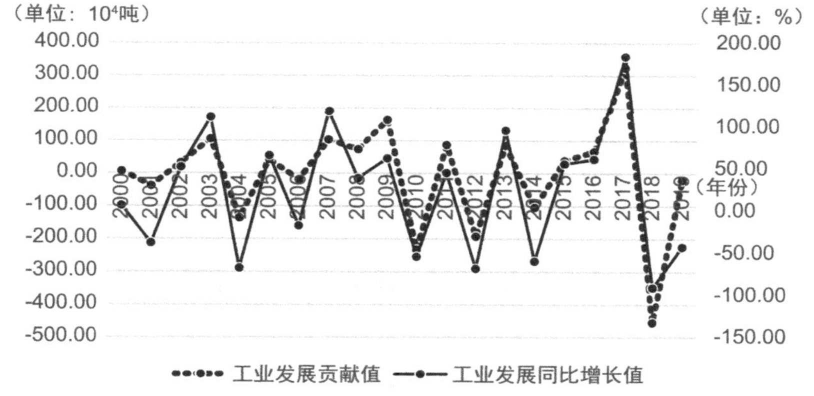

图 7.4　工业发展因素贡献值与工业发展同比增长值对比情况

通过以上分析可得，工业发展通过促进行业发展，从而增加行业碳排放，且工业发展速度与碳排放增加量息息相关，当工业发展速度加快时，碳排放增速将加快。

7.3.4.2　行业结构因素分析

行业结构是行业产值与工业产值的比值。2000—2019 年行业结构效应对碳排放的累计贡献值为 4 811.66 × 10^4 吨，图 7.5 展示了行业结构对各行业碳排放的影响情况，从中可以看出，行业结构对高排放行业和中高排放行业起到促进碳排放的作用，且对高排放行业碳排放的影响较为显著，其碳排放的影响贡献值为 4 804.09 × 10^4 吨，行业结构对中排放行业、中低排放行业和低排放行业起到减少碳排放的作用，因此研究行业结构对工业碳排放的影响机理主要是研究其对高排放行业的影响情况。

由图 7.6 可以看出，行业结构贡献值变化趋势除 2009 年和 2010 年突变之外，整体相对稳定。2010 年达历年最低点，其碳排放贡献值为 −7 589.99 × 10^4 吨，2009 年达最高点，其碳排放贡献值达 7 274.24 × 10^4 吨，其余年份行业结构变化不大，表明此间随着经济发展，经济基础增大，行业结构却一直没有大的变动。总体来说，行业结构的碳排放影响贡献值变化趋势相对稳定。

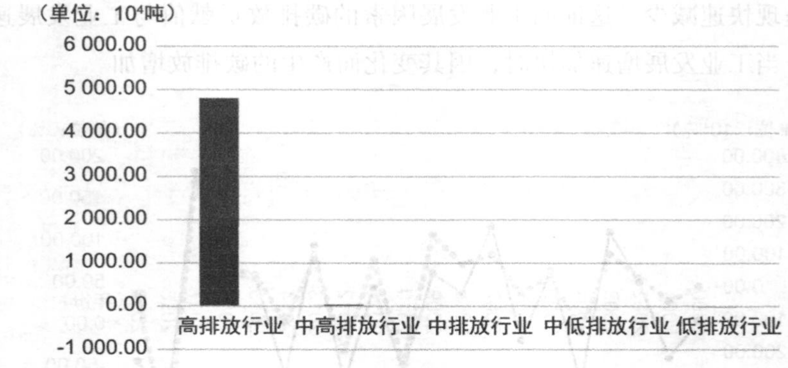

图 7.5　行业结构因素对各类行业影响情况

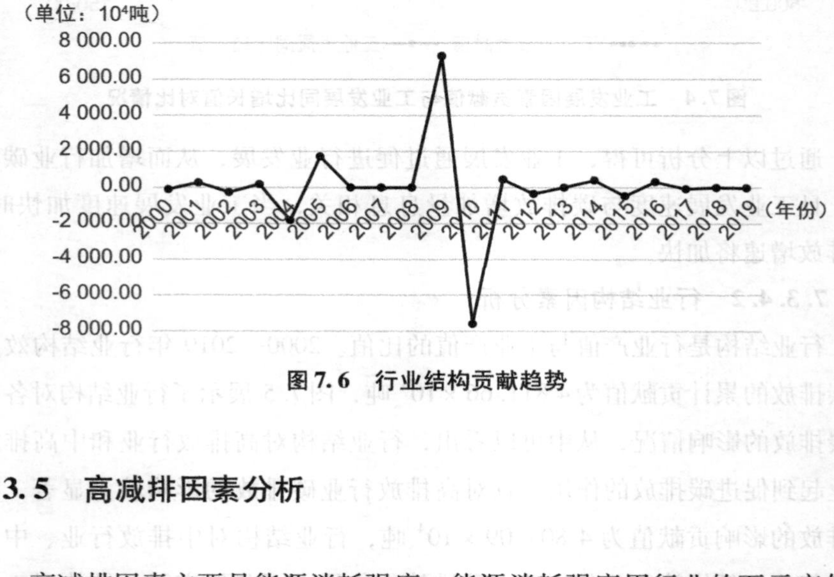

图 7.6　行业结构贡献趋势

7.3.5 高减排因素分析

高减排因素主要是能源消耗强度，能源消耗强度用行业的万元产值标准煤能耗来表示。2000—2019 年能源消耗强度对 5 类行业的贡献值均为负值，累计贡献值为 $-11\ 825.15\times10^4$ 吨。高排放行业的贡献值为 $-9\ 838.49\times10^4$ 吨，其中，黑色金属冶炼及压延加工业（C31）为 $-8\ 021.38\times10^4$ 吨，高排放行业的贡献值占总体贡献值的 83.20%（见图 7.7），是碳减排的关键。另外，32 个工业行业的碳排放能源强度影响贡献值均为负数，为了深入研究能源强度对碳减排的影响规律，将黑色金属冶炼及压延加工业（C31）行业作为典型进行分析。

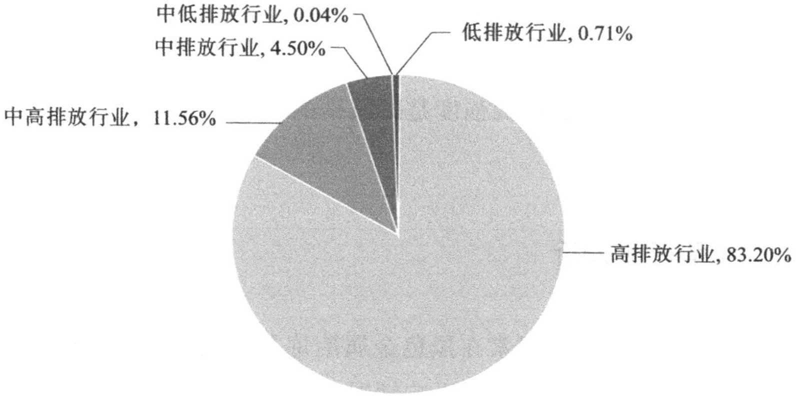

图 7.7 行业能耗强度影响占比情况

由图 7.8 可以看出，能源消耗强度贡献值变化趋势与行业结构趋于相反，除 2009 年与 2010 年突变之外，整体相对稳定。其中 2000—2003 年能源消耗强度较小且稍有下降趋势，2003—2004 年能源消耗强度大幅增加，2004 年增速较快，其碳排放贡献值为 2 594. 81 $\times 10^4$ 吨，之后波动发展，2009 年降低最快，其碳排放贡献值达最低点 $-8\ 487.17 \times 10^4$ 吨，2010 年开始回升，达到最高水平，碳排放贡献值为 7 877. 96 $\times 10^4$ 吨，较 2009 年增加 16 365. 13 $\times 10^4$ 吨。另外，2011—2019 年能源强度变化不大，表明此期间随着经济发展，经济基础增大，能源使用量相应增加，能源强度却一

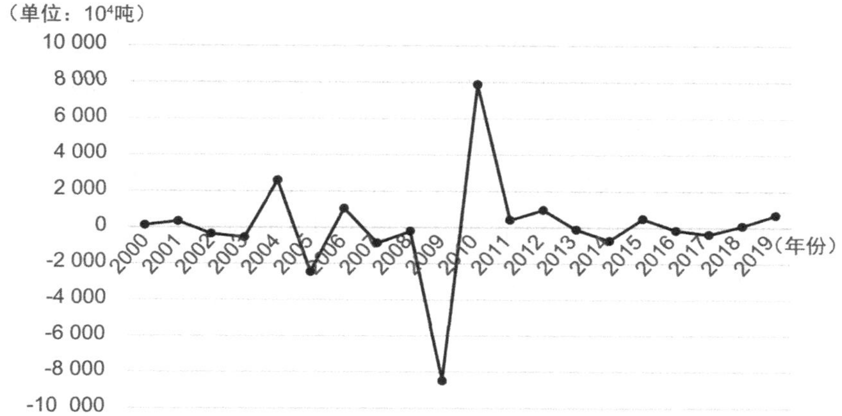

图 7.8 能源消耗强度贡献趋势

直没有得到良好的控制。总体来说，能源消耗强度的碳排放影响贡献值变化趋势相对稳定，能源强度仍需加强控制。

通过以上分析可得，能源强度是碳减排的主导因素，且能源强度的变化趋势影响碳减排的速度。

7.3.6 典型行业分析

由于高排放和高减排因素在黑色金属冶炼及压延加工业（C31）内部显现明显，因此，为了充分分析影响情况，展现各因素之间的关系，将各因素对 C31 的影响情况制作成表（见表 7.16）。

由表 7.16 可以看出，黑色金属冶炼及压延加工业（C31）行业碳排放量逐渐增加，工业发展因素的历年碳排放贡献值均为正值，人口规模与工业发展因素的碳排放贡献值趋势相似，但后者数值较大。行业结构与能源消耗强度因素的碳排放贡献值变化趋势大致呈相反的状况，特别是在 2004 年与 2009 年体现明显，2009 年产业结构因素出现贡献值最高峰，能源消耗强度则出现贡献值低谷，表明在经济形势较好的情况下，能源消耗强度的降低伴随行业结构的提升。另外，能源消耗强度是 C31 的高减排因素，工业发展与行业结构是高排放因素，但从历年的因素贡献值来看，C31 一直处于高碳排放状态，表明能源消耗强度的减排效果并不明显，这是由于工业发展过程中 C31 的行业结构比重较大，因此，在确保工业发展的前提下，要积极推进行业技术创新和清洁能源，以此调整行业结构和降低能源消耗强度。除此之外，能源消耗结构作为减排因素的影响贡献值较小，可以通过优化用能结构及循环利用资源等措施，有针对性地制定节能减排政策，同时加大在非金属矿物制品清洁能源使用方面的推广力度和政府扶持力度，使清洁能源使用普遍化。

表 7.16　　C31 各因素碳排放影响贡献值

单位：10^4 吨

年份 因素	2000	2001	2002	2003	2004	2005	2006	2007	2008	2009	2010	2011	2012	2013	2014	2015	2016	2017	2018	2019
C31 人口规模	-51.24	21.18	-8.70	-32.25	38.27	89.41	-152.85	48.99	21.10	367.61	257.13	18.67	138.50	56.86	43.84	-125.88	-356.26	-991.67	-53.62	-11.78
C31 工业发展	121.51	65.76	82.68	165.04	76.81	164.44	152.85	376.45	534.36	873.70	441.51	595.87	189.88	374.74	148.64	229.47	365.32	1 042.10	77.25	44.38
C31 行业结构	-54.22	58.75	-18.46	115.56	-1 852.20	0.00	0.00	0.00	0.00	7 732.46	-559.89	134.76	-137.86	-127.00	83.64	-156.93	-42.43	-81.77	-32.11	-41.09
C31 能源消耗强度	-3.10	-118.72	-81.39	-228.91	2 502.64	-187.19	600.98	54.65	-472.31	-8 430.04	-448.00	-614.56	303.83	-37.11	-364.16	-261.65	-27.84	-289.27	37.42	43.36
C31 能源消耗结构	4.60	-6.27	5.35	-3.75	17.54	-4.85	34.10	0.21	1.00	5.98	-41.74	-0.54	22.22	-0.82	1.70	46.87	-55.19	12.98	-116.18	0.20
C31 碳排放量	595.58	616.29	576.93	611.46	1 394.52	1 456.32	2 091.40	2 571.71	2 655.87	3 205.58	2 854.58	2 988.78	3 505.35	3 769.97	3 683.55	3 415.38	3 298.98	2 991.26	3 088.59	3 215.03

第 8 章

天津市碳减排潜力及实现路径研究

本章将分别从土地利用碳排放和能源碳排放预测天津市碳减排潜力，并分析碳减排实现路径，预测期到2040年，依据情景分析法，分别设置不同发展情景预测天津市碳排放情况及碳达峰实现路径。

8.1　土地利用碳排放预测及优化

提高土地利用碳排放效率已成为当前社会经济发展和政府实施社会管理的主要行动目标之一。天津市作为超大城市之一，经济迅速发展的同时土地利用变化与城市能源消耗变化非常显著。本章将利用2000—2019年天津市耕地、林地、草地、水域、建设用地等土地利用变化碳排放数据，设定两种对天津市2040年的碳排放量预测方案，试图为优化天津市碳排放结构提出建议。

8.1.1　天津市土地利用碳排放预测

8.1.1.1　预测情景设计

基于天津市土地利用变化历史发展规律与特点，我们设定了天津市有耕地保护和无耕地保护两种预测情景。

在无耕地保护情景设定下，天津市的土地利用需求不会受到较大规模的政策调整的影响，基本按照历史发展继续变化。参考2000—2019年土地利用现状变化趋势，耕地年均增长率为-0.928%，因此假设未来耕地面积以0.9%左右的速度减少；建设用地面积年均增长率为2.5%，规划中建设用地的增长速度减缓，因此假设建设用地面积年均增长速度为1.8%左右。

在有耕地保护情景的设定下，根据《天津市土地利用总体规划(2006—2020年)》以及《天津市国土空间总体规划（2021—2035年)》(征求意见稿)，到2040年，耕地面积不低于429 889公顷，建设用地面积不得大于463 697公顷，具有生态功能的耕地、园地、林地、牧草地、水域和部分未利用地占全市土地总面积的比例保持在60%以上。

8.1.1.2 土地利用碳排放预测结果与分析

（1）预测模型

建立线性规划模型，对碳排放量进行预测。线性规划的一般模型如下：

目标函数：$$\text{Min } Z = \sum_{j=1}^{n} C_j X_j \quad (j = 1, 2, 3, \cdots, n) \tag{1}$$

约束条件：$$\sum_{j=1}^{n} A_{ij} X_j < = B_i \quad (i = 1, 2, 3, \cdots, m) \tag{2}$$

决策变量非负约束条件：$X_j \geqslant 0 \quad (i = 1, 2, 3, \cdots, m; j = 1, 2, 3, \cdots, n)$ (3)

其中，X_j 为决策变量，表示不同利用类型的面积；C_j 为目标函数系数，表示不同土地利用类型的碳排放强度；A_{ij}为约束系数；B_i为资源限制。

（2）预测结果

2040 年天津市碳排放预测采用前文的土地利用碳排放量相关数据，对土地利用类型进行分别测算。其中，对于各土地利用碳排放系数的选择，耕地、林地、草地、水域、盐田和未利用地采用碳排放系数法进行测算，而建设用地碳排放主要是本书中的能源品种造成的碳排放。

由表 8.1 可知，耕地、建设用地碳排放系数为正，对土地利用起碳排放作用；而林地、草地、水域、盐田和未利用地主要起碳吸收作用，碳排放系数即为各种土地利用类型碳吸收系数的负数，碳吸收系数分别为 0.058 1 千克/（平方米·年）、0.002 1 千克/（平方米·年）、0.031 5 千克/（平方米·年）、0.031 5 千克/（平方米·年）、0.000 5 千克/（平方米·年）。由前文可知，2000—2019 年天津市土地利用碳排放量呈现持续上涨的状态，其中建设用地比例占 95% 以上，因此首先以天津市建设用地碳排放量为基础，采用两种预测方案对天津市 2040 年建设用地碳排放进行预测，最终得到 2040 年天津市土地利用碳排放总量。

表 8.1　各土地利用类型碳排放系数　单位：千克/（平方米·年）

土地利用类型	耕地	林地	草地	建设用地	水域	盐田	未利用地
碳排放系数	0.049 7	-0.058 1	-0.002 1	5.560 3	-0.031 5	-0.031 5	-0.000 5

注：正值表示该土地利用类型起碳排放作用，反之起碳吸收作用。

根据有耕地保护情景对天津市2040年建设用地碳排放进行预测，结果显示2040年天津市建设用地碳排放将达235.50×10^4吨（见表8.2）。最终表明，建设用地碳排放仍占较大比例，高达99.45%。土地利用碳排放量为236.83×10^4吨，其中耕地碳排放量为2.34×10^4吨，占土地利用碳排放总量的0.99%。土地利用吸收总量为1.02×10^4吨，其中林地碳吸收总量为0.41.×10^4吨，占土地利用碳吸收总量的40.36%；草地的碳吸收量为0.01×10^4吨，占土地利用碳吸收总量的0.60%；水域的碳吸收量为0.49×10^4吨，占土地利用碳吸收总量的47.68%；盐田的碳吸收量为0.12×10^4吨，占土地利用碳吸收总量的11.34%；未利用地面积较少，且碳吸收效率较低几乎为零。

表8.2 2040年天津市土地利用碳排放预测（有耕地保护情景） 单位：10^4吨

土地利用类型	耕地	林地	草地	建设用地	水域	盐田	未利用地	总计
碳排放量	2.34	-0.41	-0.01	235.50	-0.49	-0.12	0.00	236.81

由2040年天津市土地利用碳排放量和碳吸收量测算结果，可得到2040年天津市土地利用净碳排放量。结果显示2040年天津市土地利用净碳排放量为236.81×10^4吨，与2010年的155.93×10^4吨相比，增加了80.88×10^4吨，增长了52.53%。

根据无耕地保护情景对天津市2040年建设用地碳排放进行预测，结果显示2040年天津市建设用地碳排放将达263.24×10^4吨（见表8.3）。最终表明，建设用地碳排放仍占较大比例，高达99.47%。土地利用碳排放量为264.64×10^4吨，其中耕地碳排放量为2.30×10^4吨，占土地利用碳排放总量的0.88%。土地利用吸收总量为0.90×10^4吨，其中林地碳吸收量为0.44.×10^4吨，占土地利用碳吸收总量的48.89%；草地的碳吸收量为0.01×10^4吨，占土地利用碳吸收总量的1.11%；水域的碳吸收量为0.36×10^4吨，占土地利用碳吸收总量的40.00%；盐田的碳吸收量为0.09×10^4吨，占土地利用碳吸收总量的10.00%。

依据2040年天津市土地利用碳排放量和碳吸收量测算结果，得到无耕地保护情景下2040年天津市土地利用净碳排放量为264.64×10^4吨，与

2010 年的 155.93×10^4 吨相比，增加了 108.71×10^4 吨，增长了 69.71%。

表 8.3　2040 年天津市土地利用碳排放预测（无耕地保护情景）　单位：10^4 吨

土地利用类型	耕地	林地	草地	建设用地	水域	盐田	未利用地	总计
碳排放量	2.30	-0.44	-0.01	263.24	-0.36	-0.09	0.00	264.64

依据有耕地保护和无耕地保护两种情景预测天津市土地利用碳排放，发现两种情境下 2040 年土地利用碳排放均有所增加，但是有耕地保护情景下碳排放增量相对较少，因此建议未来发展中土地利用模式采用有耕地保护的情景。

8.1.2 低碳经济导向的天津市土地利用碳排放结构优化建议

土地是由自然、社会和经济构成的复杂系统，为改变在土地利用过程中单方面追求经济效益最大化而忽视生态安全和环境保护的状况，对其各方面的效益要进行综合考量，以实现经济效益、社会效益和生态效益的三者统一。同时，土地利用结构优化的主要目标是将土地资源合理配置到国民经济各用地部门，形成合理的空间组合和布局，实现土地经济效益、社会效益、生态效益、综合效益最大化。为此本书从以下两个方面提出天津市土地利用碳排放结构优化建议。

（1）调整土地利用结构，优化土地利用布局

土地利用结构的优化调整能有效促进碳减排。建设用地是主要的碳排放来源，承载了大部分的能源消耗、工业生产和其他人类活动。2019 年，建设用地碳排放占天津市碳排放总量的 99% 以上。因此，要减少碳排放，就必须控制建设用地的规模，避免城市规模无限制蔓延，同时增加草地和林地、水域等碳汇用地面积，科学合理地调整各行业用地布局。

（2）转变土地利用方式，加强土地利用管理

低碳的土地利用方式和科学的土地利用管理措施是促进土地利用碳减排的前提。应鼓励存量建设用地再开发利用，降低城镇土地闲置率，加强未利用地的开发及废弃地的复垦再利用，不断推进农村土地综合整治，提

高土地利用效率和生产力。另外，耕地碳排放是土地利用碳排放的第二大碳源，推行低碳的农业发展模式和农用地管理方式，能够有效促进碳排放量的减少。

8.2 能源碳排放预测

8.2.1 模型构建

为更加全面系统反映各因素对碳排放的影响，在结合前文分析结论的基础上，本章对STIRPAT模型进行适当扩展，考虑到天津市能源消耗中煤炭和焦炭的总体使用量占比基本保持在50%左右，根据《能源消费总量及其核算》中将原煤、洗精煤和焦炭统一划分为煤类（洗精煤使用量较少，为方便统计，将洗精煤计为煤类），因此在STIRPAT模型中加入煤类使用量占比；天津市工业一直以来都是高耗能、高排放及高污染行业，因此在模型中加入天津市工业产值占比，需要说明的是，加入工业产值占比而非第二产业占比的原因是工业碳排放在全社会碳排放中占主导地位，且天津市工业总产值占比始终保持在40%—50%，选取工业产值占比更具代表性，拓展后模型为：

$$\ln I = \ln a + b\ln P + c\ln A + d\ln T + f\ln NJ + g\ln CJ + \ln e \tag{8.1}$$

其中，NJ表示能源结构；CJ表示产业结构。

8.2.2 变量数据说明

模型（8.1）中，I代表天津市历年碳排放量；P代表人口规模，以天津市历年常住人口表示；A代表经济规模，用天津市人均GDP表示；T表示技术水平，用能源强度表示；NJ代表能源结构，以天津市能源消耗中煤类占比表示；CJ代表产业结构，以天津市工业产值占比表示。

8.2.3 回归检验

在对模型进行回归之前，需对模型中变量进行相关性检验，检验结果如表8.4所示。

表8.4　　各变量相关系数

变量	$\ln I$	$\ln A$	$\ln P$	$\ln T$	$\ln NJ$	$\ln CJ$
$\ln I$	1					
$\ln A$	0.967**	1				
$\ln P$	0.910**	0.960**	1			
$\ln T$	-0.916**	-0.985**	-0.966**	1		
$\ln NJ$	-0.377	-0.520*	-0.654*	0.571**	1	
$\ln CJ$	-0.182	-0.336	-0.542*	0.436	0.834**	1

注：**表示在0.01水平下显著相关，*表示在0.05水平下显著相关。

检验结果显示，部分变量间的相关性系数在95%以上，且显著性水平较高，表明个别变量间存在较强的相关性，为检验变量间是否存在多重共线性，对变量进一步进行共线性检验，检验结果如表8.5所示。

表8.5　　变量多重共线性检验

模型	非标准化系数		标准化系数	t	Sig.	共线性统计量	
	B	标准误差	Beta			容差	VIF
（常量）	-3.747	0.646		-5.805	0.000		
$\ln A$	0.858	0.067	2.035	12.795	0.000	0.007	133.937
$\ln P$	0.556	0.141	0.364	3.958	0.001	0.022	44.683
$\ln T$	0.657	0.057	1.358	11.571	0.000	0.014	72.9
$\ln NJ$	0.404	0.069	0.176	5.874	0.000	0.21	4.767
$\ln CJ$	-0.081	0.093	-0.039	-0.875	0.396	0.094	10.656

当方差膨胀因子（VIF）大于10时，表明自变量间存在严重的共线性，表8.5显示，除了能源结构（NJ）的检验结果小于10外，其他变量

的 VIF 值均大于 10，最高为 133.937，表明变量间存在多重贡献性。

为消除多重共线性的影响，本书采取岭回归模型对各变量进行研究，当自变量间存在多重共线性时，岭回归方法在其标准化矩阵的元素主对角线上人为地加入一个非负因子 k，大大提高了模型的稳定性。

建立岭回归代码，以 0—0.5 为分布区域（见图 8.1 和图 8.2），以 0.01 为搜索步长，拟合岭迹图，各变量趋于稳定时所对应的岭参数 k 值即为最佳值。如图 8.1 所示，当 k =0.1 时，各变量均趋于平稳，此时所对应的 R^2 为 0.980，因此选择 k =0.1。

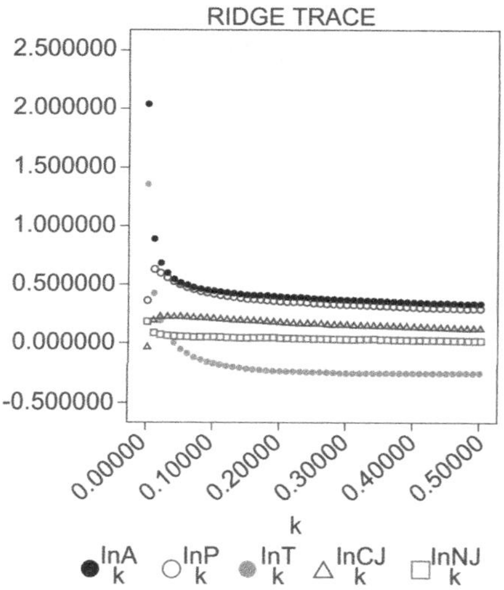

图 8.1　岭迹图

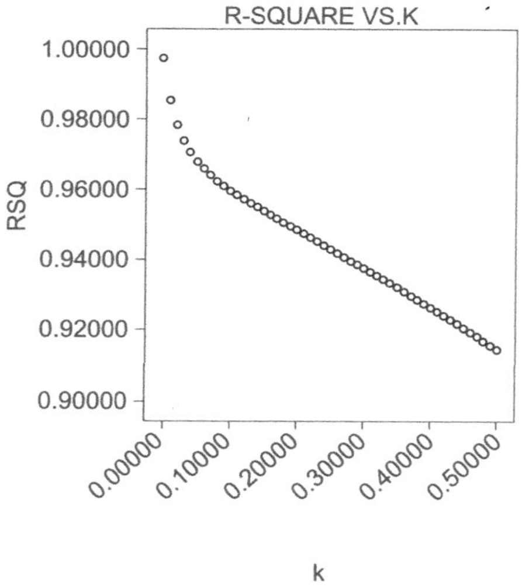

图 8.2　k 值对应的 R^2 图

当 k =0.1 时对各变量进行拟合，拟合结果如表 8.6 所示。

表 8.6　岭回归结果

变量	B	SE（B）	Beta	B/SE（B）
ln*A*	0.189	0.015	0.448	12.278
ln*P*	0.638	0.089	0.417	7.205
ln*T*	-0.084	0.025	-0.173	-3.352
ln*NJ*	0.111	0.156	0.048	0.707
ln*CJ*	0.432	0.129	0.209	3.342
Constant	2.426	0.592	0.000	4.102

$$\ln I = 0.189\ln A + 0.638\ln P - 0.084\ln T + 0.111\ln NJ + 0.432\ln CJ + 2.426 \tag{8.2}$$

按照上述公式计算2000—2019年天津市碳排放量预测值，并与实际值进行对比（见图8.3），对该模型准确性进行检验，检验结果得出模型的平均误差为4.4%，表明模型拟合效果较好。模型结果显示经济规模、人口规模、能源结构和产业结构对天津市碳排放的影响均呈现促进作用，其中，经济规模和人口规模与前文LMDI分析结果一致，因经济规模的基数较大，其对应的驱动因子相对较小，符合实际情况；由于选取煤类消耗量占比代表能源结构，天津市以煤类为主的能源结构对碳排放具有促进作用；天津市工业作为高耗能、高排放行业，工业生产总值占比提高，也能在一定程度上促进天津市碳排放的增加。

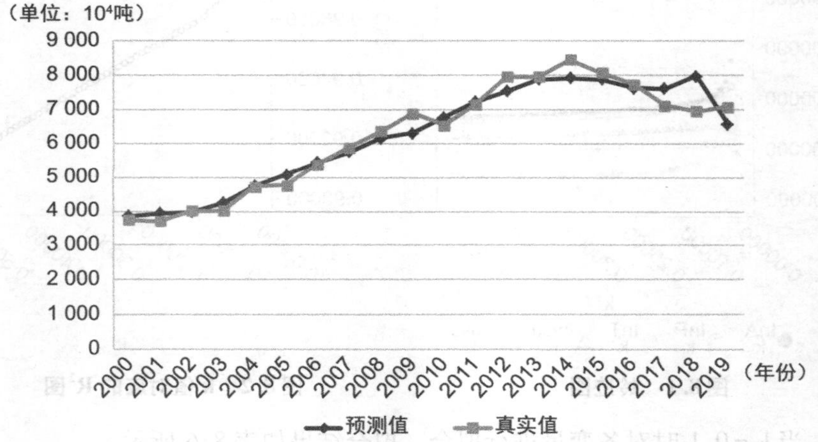

图8.3 碳排放的预测值与实际值比较

8.2.4 情景设置

由于上述STIRPAT模型中有5个变量，若分别考虑各变量的变化情况对天津市碳排放进行预测，则会出现多种情景，为方便处理分析，将5个变量分为两组：经济变量和减排变量。其中，经济变量包括人口规模（P）、经济规模（A）和产业结构（CJ）；减排变量包括能源结构（NJ）

和技术水平（T）。在全国经济发展进入新常态的背景下，将经济变量设置为低增长、中增长和高增长 3 种不同的情景模式；考虑到当前环境压力不断增加，减排力度必然会不断加强，因此对减排变量设置为中减排和高减排两种模式。将经济发展和减排强度下不同种情景进行组合可得到低增长中减排模式、低增长强减排模式、中增长中减排模式、中增长强减排模式、高增长中减排模式和高增长高减排模式 6 种组合，本书将中增长中减排模式设置为基准模式，其余模式在该基准模式的基础上展开。

8.2.4.1　经济变量设置

天津市经济变量包括人口规模、经济发展规模和产业结构规模，并按照以下规律分别将变量设置为低、中、高 3 种情景模式，具体数据如表 8.7 所示。

（1）常住人口

天津市 2010—2019 年常住人口年均增长率为 2.33%，按照《天津市人口发展“十三五”规划》中人口发展目标设置中增长模式下天津市常住人口发展，结合天津市近几年常住人口增长率变化规律，并根据国内相关预测（我国人口将在 2030 年达到峰值，之后开始下降），以此趋势预测，在中速增长模式下，2020—2025 年天津市常住人口年均增长率为 2.01%。假设高、低增长模式常住人口年均增长率约在中增长模式的基础上浮动 0.5 个百分点左右。

（2）人均 GDP

天津市 2016—2018 年人均 GDP 年均增长率为 5.34%，较“十二五”期间人均 GDP 平均增长率（约 8.53%）约减少 3.19 个百分点，约降低 37%，考虑到天津市 2018 年、2019 年等年份经济“挤水分”，导致人均 GDP 数据不增反降，故主要依据 2017 年以前年份人均 GDP 变化，对 2020—2040 年人均 GDP 进行预测。假设 2020—2025 年人均 GDP 中增长模式下年均增长率为 9.3%，每 5 年下降 1%，高增长模式和低增长模式下各时期增速分别在中增长模式的基础上变动 1 个百分点左右。

(3) 工业产值占比

考虑到近年来天津市钢铁、水泥等重工业企业逐渐出现产能过剩现象，加上服务业迅猛发展，因此判断天津市工业产值占比仍保持下降趋势，2010—2018 年工业产值占比年均以 1.3 个百分点下降，“十二五”期间累计下降 5.6 个百分点，以每年约 1.1 个百分点的速度下降，假定 2018 年以后中减排模式下天津市工业占比以年均 1.1 个百分点下降，高增长模式和低增长模式分别在此基础上变动 1 个百分点左右。

表 8.7　不同情境下天津市经济变量变化　单位：%

模式	变量	2020—2025 年	2026—2030 年	2031—2035 年	2036—2040 年
低增长模式	常住人口年均增长率	1.51	0.70	0.23	-0.08
	人均 GDP 年均增长率	8.30	7.30	6.30	5.30
	工业产值占比	27.60	22.06	17.56	14.56
中增长模式	常住人口年均增长率	2.01	1.00	0.80	0.72
	人均 GDP 年均增长率	9.30	8.30	7.30	6.30
	工业产值占比	28.6	23.06	18.56	15.56
高增长模式	常住人口年均增长率	2.51	2.30	1.83	1.52
	人均 GDP 年均增长率	10.30	9.30	8.03	7.03
	工业产值占比	29.6	24.06	19.56	16.56

8.2.4.2　减排变量设置

天津市减排变量包括煤类占比和能源强度，将变量设置为中、强两种情景模式，具体数据如表 8.8 所示。

(1) 煤类占比

现阶段煤类能源仍是天津市主要能源，降低煤类等非清洁能源的消耗量已是大势所趋。《天津市 2017 年大气污染防治工作方案》和《关于“四清一绿”行动 2017 年重点工作的实施意见》指出到 2020 年，淘汰全部 35 蒸吨及以下燃煤供热锅炉，《天津市煤炭消费总量削减和清洁能源替代实施调整方案（2015—2017 年）》《天津市能源生产和消费革命实施方案（2016—2030 年）》等文件的实施，要求严格严格控制新建燃煤项目，禁止配套建设自备燃煤电站，耗煤项目要实行煤炭减量替代，大力发展非化石能源和可再生能源开发及利用技术，《关于深入推进环境保护问题整改落实实施方案》显示，截至 2017 年 8 月，天津市已对 159 台燃煤锅炉实施“煤改电”改造，在此背景下，判断天津市煤类消耗量占比将继续保持下降状态，2019 年天津市煤类消耗量占比为 38.67%，较 2010 年约下降 1.5%，2010—2018 年煤类消耗量占比年均下降 0.5 个百分点，考虑到 2018 年、2019 年煤类消耗量占比较为特殊，因此假设中减排模式下天津市煤类消耗量年均下降约 1 个百分点，强减排模式在此基础上变化 1 个百分点左右。

（2）能源强度

我国“十二五”规划规定“十二五”期间能源消耗降低 16%，天津市“十二五”规划节能减排目标较全国高两个百分点，2015 年天津市能源强度为 0.21 吨/10^4 元，较 2010 年整体下降 27.73%，与我国及天津市节能目标相比，均超额完成任务，且与《天津市节能“十三五”规划》中的 2015 年比 2010 年累计下降 24.3% 的结论较相近，因此以《天津市节能“十三五”规划》中能源强度降低 17% 的目标为依据，我国承诺 2030 年碳排放强度较 2005 年降低 60%—65%，说明其对应的能源强度变化也应在此范围内波动，天津市能耗下降目标高于全国平均水平，假设中减排模式下天津市 2020 年能源强度为 0.159 吨/10^4 元，因此 2040 年天津市能源强度约为 0.127 吨/10^4 元，强减排模式在此基础上变动 0.03 吨/10^4 元左右。

表 8.8　不同情境下天津市减排变量设置

模式	变量	2020—2025 年	2026—2030 年	2031—2035 年	2035—2040 年
中减排模式	煤类占比（%）	33	28	23	19
	能源强度（吨/10^4 元）	0.159	0.148	0.136	0.127
强减排模式	煤类占比（%）	32	27	22	18
	能源强度（吨/10^4 元）	0.129	0.118	0.106	0.097

8.3 碳减排潜力及实现路径选择

8.3.1 天津市碳排放趋势预测

以上述不同发展模式为依据，将各模式对应数据代入模型，预测未来不同模式下天津市碳排放状况（见表8.9）。

表8.9 不同模式下天津市碳排放预测 单位：10^4 吨

模式 年份	中增长 中减排	中增长 强减排	高增长 中减排	高增长 强减排	低增长 中减排	低增长 强减排
2020	7 002.66	6 882.22	7 053.10	6 931.80	6 952.27	6 832.70
2021	7 176.18	7 044.12	7 267.80	7 134.05	7 072.72	6 942.56
2022	7 354.17	7 209.32	7 489.61	7 342.09	7 194.82	7 053.10
2023	7 536.84	7 377.89	7 718.90	7 556.11	7 318.63	7 164.29
2024	7 724.43	7 549.89	7 956.06	7 776.30	7 444.26	7 276.06
2025	7 917.21	7 725.40	8 201.56	8 002.85	7 571.81	7 388.36
2026	7 955.83	7 753.52	8 308.08	8 096.81	7 568.91	7 376.43
2027	7 996.24	7 782.25	8 429.86	8 204.27	7 579.40	7 376.57
2028	8 038.74	7 811.70	8 555.43	8 313.80	7 591.69	7 377.28
2029	8 083.70	7 841.95	8 685.27	8 425.53	7 606.10	7 378.64
2030	8 131.61	7 873.15	8 820.00	8 539.66	7 623.06	7 380.77
2031	8 097.14	7 828.13	8 857.71	8 563.43	7 541.74	7 291.18
2032	8 063.85	7 783.22	8 896.72	8 587.10	7 462.24	7 202.54
2033	8 031.90	7 738.41	8 937.23	8 610.66	7 384.67	7 114.84
2034	8 001.49	7 693.71	8 979.51	8 634.11	7 309.21	7 028.06
2035	7 972.88	7 649.10	9 023.91	8 657.45	7 236.05	6 942.19
2036	7 874.83	7 536.31	8 992.94	8 606.35	7 083.91	6 779.39
2037	7 780.80	7 425.43	8 965.32	8 555.84	6 937.48	6 620.62

续表

模式 年份	中增长中减排	中增长强减排	高增长中减排	高增长强减排	低增长中减排	低增长强减排
2038	7 691.29	7 316.48	8 941.72	8 505.98	6 797.07	6 465.84
2039	7 606.97	7 209.49	8 923.07	8 456.83	6 663.15	6 314.99
2040	7 528.75	7 104.50	8 910.60	8 408.48	6 536.37	6 168.04

结果显示，6 种不同情境下天津市碳排放均呈现先增加后减少趋势，整体上看，高增长中减排模式下天津市碳排放量最大，峰值为9 023.91 $\times 10^4$ 吨，比低增长强减排模式峰值高 1 635.55 $\times 10^4$ 吨，该模式达峰年份为 2035 年，在 6 种模式中达峰最晚；低增长强减排模式下碳排放量最小，峰值为 7 388.36 $\times 10^4$ 吨，该模式达峰年份为 2025 年，在 6 种模式中最先达峰。因此，6 种模式下天津市碳排放量峰值在 7 388.36 $\times 10^4$ 吨至9 023.91 $\times 10^4$ 吨内浮动，达峰年份在 2025 年至 2035 年间变动。

表 8.10 表明，低增长中减排模式下天津市年碳排放量在 2020—2030 年呈逐渐上升趋势，2030 年碳排放达到峰值，峰值为 7 623.06 $\times 10^4$ 吨，较高增长中减排模式早达峰 5 年，峰值比高增长中减排模式低 1400.85 $\times 10^4$ 吨；与中增长中减排同年达峰，峰值比中增长中减排低 508.55 $\times 10^4$ 吨；低增长强减排模式下天津市碳排放于 2025 年达到峰值，峰值为 7 388.36 $\times 10^4$ 吨，较高增长强减排模式提前 10 年达峰，峰值较高增长强减排模式低 1 269.09 $\times 10^4$ 吨，较中增长强减排提前 5 年达峰，且峰值低 484.79 $\times 10^4$ 吨，说明在保持减排力度不变的情况下，经济增速变化与碳排放峰值有关系，且经济增速越高，碳排放达峰峰值越大。在中减排前提下，经济中增长和高增长模式分别比低增长模式碳排放峰值高 6.67% 和 18.38% 左右，同理，以强减排为前提下，经济中增长和高增长分别比低增长模式的峰值高 6.56% 和 17.18% 左右，说明中减排模式下，经济增速变化对碳排放峰值影响较大。

低增长强减排模式下天津市碳排放达峰年份为 2025 年，较低增长中减排模式提前 5 年达峰，峰值比低增长中减排模式峰值低 234.70 $\times 10^4$ 吨；中增长强减排模式碳排放达峰年份为 2030 年，峰值为 7 873.15 $\times 10^4$ 吨，与中增长中减排模式同年达峰，峰值比中增长中减排模式低 258.46 × 10^4 吨；高增长强减排模式达峰年份与高增长中减排模式同年达峰，峰值比高增长中减排模式低 366.46 × 10^4 吨。表明当经济增速不变的情况下，碳排放与减排力度有直接关系，减排力度越大，达峰年份越早，峰值越小；经济低速增长模式下，天津市强减排比中减排峰值降低 3.08% 左右，经济中速增长和高速增长模式下，强减排峰值分别比中减排模式低 3.18%—4.06%，表明经济高速增长时，减排力度加强对于降低碳排放峰值的作用更为明显。

表 8.10　不同模式下天津市碳排放预测比较

模式	达峰年份	峰值（10^4 吨）	模式	达峰年份	峰值（10^4 吨）
低增长中减排	2030	7 623.06	低增长中减排	2030	7 623.06
中增长中减排	2030（0）	8 131.61（6.67%）	低增长强减排	2025（5）	7 388.36（3.08%）
高增长中减排	2035（5）	9 023.91（18.38%）	中增长中减排	2030	8 131.61
低增长强减排	2025	7 388.36	中增长强减排	2030（0）	7 873.15（3.18%）
中增长强减排	2030（5）	7 873.15（6.56%）	高增长中减排	2035	9 023.91
高增长强减排	2035（10）	8 657.45（17.18%）	高增长强减排	2035（0）	8 657.45（4.06%）

注：表格左侧表示在固定减排变量情况下，不同经济增长模式下的碳排放结果；同理，表格右侧在固定经济变量情况下，不同减排模式下的碳排放结果。括号中的数据分别为该模式相对于基本模式达峰年份和峰值变化，如：左侧“中增长强减排”行中“（5）”表示高增长中减排模式较低增长中减排模式（基本模式）碳排放晚达峰 5 年，“（6.56%）”表示峰值比低增长中减排模式高出 6.56%。

8.3.2　天津市碳减排实现路径选择

根据上述分析，从经济增速方面看，考虑到天津市作为“一带一路”重要节点城市、京津冀协同发展的重要成员，目前已经在自贸区建设、先进制造业研发转化等方面取得一定优势，因此低速经济增长可能不适用于天津市发展，而经济新常态的背景下，天津市经济必然不会以高增长速度发展，且高增长模式往往伴随着高消耗、高污染，在当前环境压力日益增加的情况下，经济高速增长模式显然也不适用于天津市；从减排力度来看，我国“十一五”规划、“十二五”规划、“十三五”规划、“十四五”规划均强调节能减排，我国碳排放权交易市场的启动、《国务院关于印发“十三五”控制温室气体排放工作方案的通知》、《国家重点节能低碳技术推广目录》等多项政策及文件均表明我国碳减排力度正在不断增强，天津市作为我国首批低碳试点城市，已在大力推进产业体系低碳发展，着力控制高污染行业碳排放，并大力实施植树造林，增加碳汇面积，另外对新建民用建筑实行 100% 绿色建筑标准，大力提高清洁能源公交车数量，天津市“十二五”规划、“十三五”规划节能减排目标均高于全国平均水平目标，由此判断中减排模式已不适用天津市发展，因此选择中增长强减排模式为天津市最佳发展模式。

中增长强减排模式与低增长中减排模式、中增长中减排模式同年达峰，比高增长强减排模式提早达峰 5 年，该模式峰值比高增长中减排模式峰值下降 $1\,150.76 \times 10^4$ 吨，该模式下天津市在实施节能减排方案的同时，保证了经济稳步发展。

第 9 章

主要结论与研究展望

9.1　结论

本书以碳排放系数法以及《IPCC 2006 年国家温室气体排放清单指南2019 修订版》为依据，测算了各土地类型、各类能源品种的碳排放系数，分析了土地利用变化、天津市各部门能源碳排放特征，并在此基础上，运用主成分分析法、LMDI 因素分解方法，将天津市土地利用、工业各行业碳排放量增加分解为人口规模、工业发展、行业结构、能源消费强度、能源消费结构 5 个因素，进而预测了 2040 年天津市碳排放潜力，试图为天津市碳减排乃至低碳发展探求最优路径。主要结论如下：

第一，从土地利用变化角度，天津市各土地类型碳排放测算结果显示，建设用地碳排放占天津市土地利用碳排放总量的 90% 以上，是最大的碳源，耕地次之。水域是最大的碳汇，林地、草地面积碳汇量呈增加趋势，但对碳排放的影响程度依旧很低，这表明了天津市快速增长的碳源量远远超过其碳汇量。同时，采用主成分分析法发现，影响天津市土地利用碳排放变化的社会驱动力主要有人口因素、经济因素、产业结构、能源效应。因此，为推进天津市的低碳发展，一方面，应努力降低建设用地碳排放，增加现有林地、草地，合理开发和保护水资源；另一方面，合理土地利用结构，削弱经济、人口、能源等社会因素的驱动作用。

第二，从能源消耗角度，天津市不同部门碳排放测算结果表明，2000—2019 年天津市碳排放整体呈增长趋势，各部门中工业碳排放量和碳排放占比均最大，2019 年工业部门碳排放量和占比分别为 5 131.1 $\times 10^4$ 吨和 72.36%。为此，对天津市 32 个工业分行业碳排放进行计算，各工业行业碳排放也呈现逐渐增加的趋势，其中黑色金属冶炼及压延加工业碳排放历年最高，年均碳排放为 2 429.36 $\times 10^4$ 吨，水的生产及供应业碳排放历年最低，年均碳排放为 0.70 $\times 10^4$ 吨。依据碳排放量大小，将 32 个行业划分为高、中高、中、中低、低排放行业 5 类，发现高排放行业的碳排放增长趋势显著，其他4类行业的历年碳排放则相对均衡。工业发展和行业结构是天津市工业整体碳排放增加的因素，人口规模、能源强度和能源结构是碳减排因素。

第三，运用LMDI模型对天津市不同部门碳排放影响因素进行分析，结果表明对天津市工业部门、建筑业部门、交通运输业部门、批发零售业部门和其他部门碳排放影响较大的因素均为经济发展效应和能源强度效应，其中经济发展效应对碳排放有促进作用，能源强度效应对碳排放有抑制作用；对天津市农业部门碳排放影响较大的因素主要有经济规模效应和产业结构效应，产业结构效应对农业碳排放有抑制作用。

第四，在有耕地保护和无耕地保护两种情景下预测天津市土地利用碳排放，发现在两种情境下至2040年土地利用碳排放均有所增加，但是有耕地保护情景下碳排放增量相对较少。通过建立STIPAT模型，将经济变量设置为高增长、中增长和低增长3种模式，减排变量设置为强减排和中减排两种模式，对天津市碳排放进行预测，结果表明保持减排力度不变的情况下，经济增速越快，碳排放达峰年份越晚，峰值越大；当经济增速不变的情况下减排力度越大，达峰年份越早，峰值越小。

9.2 展望

（1）继续优化产业结构，尽快促进服务业发展

经济的快速发展是碳排放不断增加的重要原因[19]。经济发展促使城市扩张，但由此带来的建设用地面积增加，产业结构升级，使得三次产业结构内部不均衡，土地利用能效较低，碳排放量却不断增长。2000—2019年天津市工业碳排放量及占比均呈增加趋势，因此应尽快调整工业内部结构，推动天津市产业结构优化升级。一方面，在保持工业发展的基础上优化产业结构布局，促进工业结构内部升级。控制高污染、高排放行业，尤其是钢铁、化工等重工业的碳排放量，以及制定分行业、分企业的碳排放

管理制度，以及开展产能置换、兼并重组、升级改造等工作，淘汰落后产能。另一方面，大力发展高技术、高效益、低能耗、低污染的新兴产业与现代制造业和服务业。加快产品升级换代，推动产业链向高端延伸，壮大产业规模，形成产业集群，引领部分生产型制造业向服务业转型，推动产业转型升级，降低天津市碳排放量。

（2）调整能源结构，提高能源利用效率

目前，天津市仍以煤类为主要能源，是天津市碳排放增长的主要原因。天津市天然气、液化石油气等清洁能源使用量仍较小，但本书分析认为天津市能源强度对碳排放的抑制作用正在逐步增强。因此，今后应尽快落实天津市煤改燃、煤改电等项目，扩大清洁能源使用范围，尽量减轻各领域对高排放能源的依赖程度，实施相应的奖惩制度，对采用清洁能源的企业或项目给予适当奖励，鼓励使用石油、天然气等清洁能源，尽快优化天津市能源结构，从总体上降低天津市碳排放量。

（3）加强低碳宣传，倡导低碳的居民生活和消费方式

能源消费碳排放是人类活动碳排放最主要的组成部分，从不同能源的碳排放系数可以看出，不同种类能源消耗的碳排放量存在着很大差别。对此，要加强宣传低碳理念，培养低碳意识，在此基础上通过继续倡导低碳出行，降低私家车使用率，提高新能源汽车或共享单车使用量，完善建筑节能体系，提高绿色建筑标准等，不断推进低碳发展。

附　录

附录1　行业名称及代码

行业名称及代码

行业名称	行业代码
黑色金属冶炼及压延加工业	C31
化学原料及化学制品制造业	C26
石油加工炼焦及核燃料加工业	C25
非金属矿物制品业	C30
石油和天然气开采业	B07
金属制品业	C33
橡胶和塑料制品业	C29
交通运输设备制造业	C37
纺织业	C17
通用设备制造业	C34
饮料制造业	C15
造纸及纸制品业	C22
电力、热力的生产和供应业	D44
医药制造业	C27
食品制造业	C14

续表

行业名称	行业代码
有色金属冶炼及压延加工业	C32
电气机械及器材制造业	C38
农副食品加工业	C13
专用设备制造业	C35
通信设备计算机及其他电子设备制造业	C39
非金属矿采选业	B10
纺织服装鞋帽制造业	C18
工艺品及其他制造业	C41
家具制造业	C21
燃气生产和供应业	D45
木材加工及木、竹、藤、棕、草制品业	C20
化学纤维制造业	C28
文教体育用品制造业	C24
皮革、毛皮、羽绒及其制品业	C19
仪器仪表及文化办公用机械制造业	C40
印刷业和记录媒介的复制	C23
水的生产和供应业	D46

资料来源：国民经济分类（GB/T 4754—2017）。

附录2　天津市工业行业碳排放量

天津市工业行业碳排放量

单位：10^4 吨

行业\年份	2000	2001	2002	2003	2004	2005	2006	2007	2008	2009	2010	2011	2012	2013	2014	2015	2016	2017	2018	2019
B07	130.32	133.33	414.80	109.83	150.55	164.81	142.71	141.41	205.08	214.18	176.77	198.22	88.14	83.17	84.98	92.98	83.82	74.09	80.40	76.95
B10	16.20	27.12	56.04	9.71	34.20	6.38	7.23	6.79	7.69	7.66	4.88	7.41	6.75	6.08	4.31	2.65	2.30	1.11	0.65	0.62
C13	15.97	31.38	27.27	30.40	24.36	19.62	20.10	18.66	19.41	18.96	19.24	18.72	22.26	26.77	25.88	21.13	17.95	8.38	9.69	10.99
C14	20.33	27.55	18.61	27.07	29.77	25.38	25.33	25.82	27.59	23.69	23.89	47.72	48.25	45.19	45.06	43.62	35.61	14.39	13.19	13.24
C15	23.71	67.67	49.25	73.13	43.64	77.84	73.62	84.08	75.98	25.17	19.01	16.06	11.37	11.39	13.83	7.45	7.26	4.32	3.67	3.95
C17	74.22	95.96	66.13	78.64	67.64	57.90	54.91	41.02	30.92	21.30	18.75	16.18	12.30	12.56	11.58	7.11	5.20	4.27	4.17	3.77
C18	13.02	16.65	15.18	17.73	16.36	20.21	16.33	15.67	14.69	12.94	11.63	10.04	10.73	10.74	9.11	7.24	6.61	2.78	2.21	2.09
C19	5.74	6.99	6.92	6.48	4.96	3.94	3.26	3.29	3.01	1.38	2.36	2.40	4.77	4.09	2.92	1.50	1.61	0.17	0.06	0.06
C20	6.27	8.86	8.32	10.54	8.08	9.96	12.86	4.81	6.77	4.74	1.93	1.26	1.25	1.50	0.87	0.94	0.99	0.77	0.59	0.52
C21	7.87	9.02	7.00	6.77	4.73	7.82	9.84	6.13	7.45	5.72	4.07	3.01	2.48	2.43	2.23	1.51	1.79	0.92	1.57	1.51
C22	41.34	58.44	35.84	53.48	47.29	45.58	27.33	26.79	30.96	30.46	52.69	32.57	30.92	32.66	24.83	17.70	14.15	11.41	13.52	11.92
C23	2.88	4.39	3.18	4.10	3.70	4.71	4.12	3.27	3.71	4.71	2.95	2.11	3.12	2.80	2.40	16.64	2.57	2.13	1.57	1.91

续表

年份 行业	2000	2001	2002	2003	2004	2005	2006	2007	2008	2009	2010	2011	2012	2013	2014	2015	2016	2017	2018	2019
C24	3.56	3.51	2.73	3.01	2.63	4.14	6.86	5.50	3.27	3.71	5.50	2.85	8.32	8.23	9.58	6.29	6.34	4.56	1.51	1.26
C25	22.86	87.62	694.28	256.93	446.97	303.83	418.63	428.65	588.66	584.50	100.87	112.43	62.01	82.73	72.50	124.40	118.35	123.35	66.26	109.09
C26	253.91	508.65	421.86	519.41	343.44	407.32	319.83	308.68	351.14	331.74	705.94	949.94	1 146.57	1 296.93	1 398.65	1 436.23	1 438.81	1 315.47	298.84	395.86
C27	28.88	48.07	30.88	44.98	32.73	36.17	34.12	33.96	38.42	30.72	31.38	23.18	26.82	29.98	27.63	13.46	19.73	10.60	10.23	8.68
C28	8.64	15.23	9.37	10.96	7.29	7.02	8.44	0.85	1.22	0.76	0.15	1.06	1.70	1.18	0.87	17.51	0.88	0.51	0.22	0.22
C29	45.75	68.77	48.68	59.90	50.94	56.72	58.86	58.34	54.40	47.35	49.11	46.56	47.46	49.16	45.42	109.70	35.11	29.52	22.24	20.57
C30	124.56	199.56	159.06	208.20	203.24	223.73	224.46	221.64	221.47	229.34	161.19	171.19	165.30	202.70	184.72	163.30	143.71	146.99	150.27	155.32
C31	595.58	616.29	576.93	611.46	1 394.52	1 456.32	2 091.40	2 571.71	2 655.87	3 205.58	2 854.58	2 988.78	3 505.35	3 769.97	3 683.55	3 415.38	3 298.98	2 991.26	3 088.59	3 215.03
C32	32.46	35.84	24.81	15.22	18.59	12.64	15.37	13.22	21.78	24.68	20.92	29.70	45.06	54.23	47.90	58.96	46.73	24.21	29.45	34.64
C33	47.99	66.07	47.91	85.55	64.29	54.99	50.19	55.42	59.10	56.57	62.84	63.81	76.64	93.99	81.48	38.58	75.58	48.95	66.02	53.52
C34	32.84	48.80	47.61	161.10	51.35	44.94	37.58	41.93	53.84	45.59	45.99	43.56	15.45	17.34	13.00	87.34	14.06	10.09	4.70	9.26
C35	11.26	13.85	10.09	17.70	8.29	8.44	11.01	9.10	24.14	27.99	23.17	24.05	29.90	108.23	107.35	42.56	83.10	6.35	4.56	4.05
C37	41.41	58.01	43.94	58.30	43.74	49.96	48.17	47.27	70.29	62.46	49.60	51.51	55.10	53.33	46.22	24.62	49.28	39.58	39.79	40.19
C38	31.83	26.64	20.97	27.52	20.60	24.79	21.42	29.60	24.71	18.90	15.32	17.57	16.75	17.03	15.20	6.85	9.71	11.07	12.37	13.46
C39	16.64	26.67	23.20	23.47	26.66	23.72	17.67	16.26	17.19	12.20	12.34	13.49	17.29	9.94	8.34	1.52	7.79	6.68	0.67	6.70
C40	4.70	9.95	4.08	16.29	6.74	2.82	2.48	2.11	1.00	0.93	0.90	1.41	0.31	0.84	0.95	1.45	0.86	0.75	0.42	0.45
C41	10.53	15.33	9.32	10.97	19.04	14.67	9.96	6.81	11.51	8.64	8.45	7.40	1.31	1.18	3.18	4.28	0.99	0.97	0.74	0.33
D44	32.54	37.99	50.98	22.17	43.65	62.00	31.53	15.09	52.40	36.67	30.97	36.78	33.01	47.26	26.25	21.84	13.27	16.38	17.94	14.64
D45	10.05	11.14	27.85	14.86	12.73	5.76	4.54	1.24	1.18	1.22	5.27	1.22	1.49	1.49	1.73	0.71	1.12	1.31	0.88	8.02
D46	0.31	0.45	0.83	1.05	1.43	1.45	1.02	0.89	0.57	0.66	0.63	0.73	0.70	0.71	0.72	0.45	0.40	0.33	0.30	0.30

附录3　2000—2019年天津市整体碳排放影响因素分析

2000—2019年天津市整体碳排放影响因素分析

单位：10^4吨

年度	能源结构效应		能源强度效应		产业结构效应		经济规模效应		人口规模效应		碳排放增量	
2000—2001	-15.16	1.67%	-407.61	44.82%	-48.67	5.35%	427.46	47.00%	10.62	1.17%	-38.41	100.00%
2001—2002	-84.15	14.58%	-32.77	5.68%	-32.47	5.63%	415.95	72.09%	11.64	2.02%	308.10	100.00%
2002—2003	-106.41	16.66%	-229.00	35.85%	-17.09	2.68%	279.82	43.81%	6.45	1.01%	-2.22	100.00%
2003—2004	182.86	10.03%	-557.00	30.54%	347.57	19.06%	688.67	37.76%	47.64	2.61%	715.13	100.00%
2004—2005	0.37	0.02%	-723.84	45.95%	-34.94	2.22%	727.76	46.20%	88.38	5.61%	56.04	100.00%
2005—2006	102.83	8.05%	-319.00	24.97%	27.27	2.13%	676.33	52.94%	152.11	11.91%	614.79	100.00%
2006—2007	12.59	0.77%	-479.75	29.46%	-88.03	5.41%	842.82	51.75%	205.35	12.61%	492.56	100.00%
2007—2008	-103.23	4.11%	-914.63	36.40%	6.27	0.25%	1 166.74	46.43%	322.13	12.82%	479.90	100.00%
2008—2009	46.93	4.42%	-20.60	1.94%	-248.46	23.39%	459.29	43.24%	286.91	27.01%	526.51	100.00%
2009—2010	-109.17	3.55%	-1 572.72	51.15%	-30.17	0.98%	986.49	32.09%	375.92	12.23%	-351.94	100.00%
2010—2011	-55.99	2.58%	-624.93	28.74%	-103.18	4.75%	1 105.51	50.85%	284.54	13.09%	606.55	100.00%
2011—2012	17.05	1.43%	-73.64	6.16%	-120.64	10.09%	666.71	55.78%	317.18	26.54%	806.67	100.00%

续表

年度	能源结构效应		能源强度效应		产业结构效应		经济规模效应		人口规模效应		碳排放增量	
2012—2013	-31.16	1.83%	-656.21	38.48%	-159.43	9.35%	534.18	31.33%	324.22	19.01%	10.37	100.00%
2013—2014	-72.41	6.32%	86.80	7.58%	-253.60	22.13%	490.55	42.81%	242.49	21.16%	493.83	100.00%
2014—2015	-98.61	8.15%	-313.64	25.94%	-386.56	31.97%	249.84	20.66%	160.53	13.28%	-388.44	100.00%
2015—2016	130.43	8.11%	-227.64	14.15%	-640.25	39.79%	534.64	33.23%	76.11	4.73%	-324.20	100.00%
2016—2017	-59.53	4.92%	-650.42	53.80%	-178.95	14.80%	295.03	24.41%	-24.95	2.06%	-618.88	100.00%
2017—2018	1 024.58	35.73%	-1 729.82	60.33%	-14.93	0.52%	85.62	2.99%	12.30	0.43%	-163.52	100.00%
2018—2019	-1 184.51	14.98%	4 164.91	52.66%	-519.09	6.56%	-2 030.70	25.68%	10.03	0.13%	131.76	100.00%
累计效应	-402.71	148%	-5 281.50	595%	-2 495.37	207%	8 602.72	761%	2 909.59	189%	3 354.60	—

附录4 天津市工业分行业碳排放 LMDI 模型结果

天津市工业分行业碳排放 LMDI 模型结果

行业		因素	2000年	2001年	2002年	2003年	2004年	2005年	2006年	2007年	2008年	2009年	2010年	2011年	2012年	2013年	2014年	2015年	2016年	2017年	2018年	2019年
高排放行业	B07	P	-11.35	4.55	-2.10	-5.71	3.80	9.88	-10.89	2.99	1.38	26.35	16.02	1.20	5.65	1.34	0.99	-3.15	-9.40	-24.87	-4.97	-1.09
		IG	26.91	14.12	19.93	29.21	7.62	18.18	10.89	22.96	35.00	62.63	27.51	38.16	7.74	8.81	3.35	5.74	9.64	26.14	7.16	4.11
		IS	39.73	-37.58	13.54	12.47	9.72	0.00	0.00	0.00	0.00	32.19	41.40	4.98	-48.41	-16.02	-9.88	-46.50	-16.50	-15.78	-16.70	-17.54
		EI	-59.61	18.82	-5.04	-76.17	10.15	-14.94	-17.29	-27.61	26.53	-112.90	-114.94	-22.83	-65.05	1.54	8.03	54.34	6.39	4.34	21.99	11.16
		ES	12.46	-11.04	1.09	-16.68	19.99	-8.31	-0.38	6.34	-4.23	-104.92	26.68	1.03	-10.02	-0.64	-0.69	-2.43	0.71	0.44	0.00	0.00
	C25	P	-2.31	1.38	-2.35	-19.07	13.39	22.38	-31.16	8.92	4.05	73.69	14.83	0.67	3.51	1.10	0.91	-3.40	-12.91	-38.05	-3.98	-0.87
		IG	5.48	4.29	22.31	97.62	26.87	41.15	31.16	68.57	102.55	175.14	25.47	21.23	4.81	7.27	3.07	6.19	13.24	39.98	5.74	3.30
		IS	7.07	-31.83	105.10	28.01	4.81	0.00	0.00	0.00	0.00	-174.71	82.54	8.00	-13.44	2.52	-17.67	10.25	-6.54	-8.11	-4.99	-5.66
		EI	-45.78	82.24	158.71	-334.14	128.22	-194.97	115.61	-67.05	58.21	-79.72	-413.33	-19.53	-44.00	10.87	5.68	39.23	-0.95	11.90	-30.71	35.20
		ES	-26.06	8.68	113.93	-0.82	16.75	-11.69	-1.68	-0.43	-4.80	1.43	-193.15	1.21	-1.31	-1.04	-2.21	-0.37	1.11	-0.72	-0.02	-0.11
	C26	P	-22.50	11.91	-6.53	-24.14	15.56	20.07	-27.07	6.58	2.56	42.60	37.01	5.22	44.69	19.01	15.78	-50.29	-153.01	-434.31	-20.42	-4.49
		IG	53.37	36.99	62.10	123.57	31.22	36.91	27.07	50.57	64.73	101.25	63.55	166.52	61.27	125.30	53.52	91.68	156.90	456.40	29.42	16.90
		IS	-3.21	124.72	-152.22	-20.29	21.65	0.00	0.00	0.00	0.00	-197.63	103.15	23.62	-62.14	-57.58	86.42	-134.53	66.56	45.38	6.89	3.47
		EI	-32.94	76.77	-11.25	48.32	-249.97	12.82	-88.48	-63.43	-17.22	37.29	163.38	43.55	147.40	59.30	-44.07	154.41	-65.47	-187.49	-523.65	70.12
		ES	0.39	4.34	8.29	-17.08	5.57	-112.52	107.59	-4.87	-7.64	-2.91	7.11	5.10	5.43	4.32	-9.94	-23.68	-2.49	-3.32	352.92	15.21

续表

行业		因素	2000 年	2001 年	2002 年	2003 年	2004 年	2005 年	2006 年	2007 年	2008 年	2009 年	2010 年	2011 年	2012 年	2013 年	2014 年	2015 年	2016 年	2017 年	2018 年	2019 年
高排放行业	C30	P	-10.57	5.56	-2.79	-10.63	8.31	13.35	-19.38	4.67	1.63	28.32	14.54	1.05	7.03	2.86	2.25	-5.75	-14.41	-45.09	-7.49	-1.64
		IG	25.06	17.26	26.51	54.41	16.67	24.55	19.38	35.87	41.19	67.31	24.97	33.58	9.64	18.87	7.64	10.47	14.78	47.38	10.79	6.20
		IS	-11.94	4.94	-9.07	3.48	28.63	0.00	0.00	0.00	0.00	-33.93	8.48	-17.12	-2.29	-18.02	17.23	8.34	11.68	10.42	7.28	6.02
		EI	4.33	46.21	-24.78	-27.92	-57.52	-18.60	2.10	-39.12	-43.83	-55.20	-99.71	-5.05	-5.56	34.36	-46.33	-12.19	-44.08	0.97	-7.68	-9.45
		ES	1.04	1.03	0.16	-0.73	-1.05	1.20	-1.37	-4.24	0.84	1.36	-16.44	-2.47	-14.72	-0.67	1.22	-13.40	-7.55	-10.41	0.00	4.39
	C31	P	-51.24	21.18	-8.70	-32.25	38.27	89.41	-152.8	48.99	21.10	367.61	257.13	18.67	138.50	56.86	43.84	-125.88	-356.26	-991.67	-53.62	-11.78
		IG	121.51	65.76	82.68	165.04	76.81	164.44	152.85	376.45	534.36	873.70	441.51	595.87	189.88	374.74	148.64	229.47	365.32	1042.10	77.25	44.38
		IS	-54.22	58.75	-18.46	115.56	-1852.	0.00	0.00	0.00	0.00	7732.46	-559.89	134.76	-137.9	-127.0	83.64	-156.93	-42.43	-81.77	-32.11	-41.09
		EI	-3.10	-118.72	-81.39	-228.91	2 502.64	-187.19	600.98	54.65	-472.31	-8 430.0	-448.00	-614.6	303.83	-37.11	-364.2	-261.65	-27.84	-289.27	37.42	43.36
		ES	4.60	-6.27	5.35	-3.75	17.54	-4.85	34.10	0.21	1.00	5.98	-41.74	-0.54	22.22	-0.82	1.70	46.87	-55.19	12.98	-116.18	0.20
中高排放行业	C13	P	-1.43	0.79	-0.47	-1.75	1.09	1.35	-1.71	0.41	0.15	2.40	1.63	0.12	0.87	0.38	0.28	-0.83	-2.07	-3.47	-0.69	-0.15
		IG	3.40	2.45	4.49	8.95	2.19	2.49	1.71	3.13	3.89	5.69	2.79	3.87	1.20	2.52	0.95	1.51	2.12	3.64	1.00	0.57
		IS	-3.14	2.19	-2.97	-0.43	1.78	0.00	0.00	0.00	0.00	-1.38	-1.57	1.71	7.40	-2.68	-0.79	3.06	-0.27	-0.30	-0.43	-0.55
		EI	0.03	9.71	2.33	-11.15	-10.67	-8.69	0.80	-5.10	-3.23	-7.04	-2.40	-6.44	-5.68	4.59	-1.09	-7.70	-2.45	-5.53	2.37	1.57
		ES	0.00	0.27	0.02	-0.01	-0.43	0.12	-0.97	0.12	-0.07	-0.12	-0.16	0.21	-0.26	-0.30	-0.23	-0.82	-0.48	-3.91	0.00	0.00
	C14	P	-1.85	0.83	-0.37	-1.36	1.15	1.72	-2.11	0.54	0.21	3.20	2.02	0.22	2.04	0.73	0.53	-1.57	-4.20	-7.15	-1.43	-0.31
		IG	4.39	2.57	3.50	6.96	2.30	3.16	2.11	4.14	5.23	7.61	3.47	7.00	2.80	4.81	1.80	2.86	4.31	7.52	2.06	1.18
		IS	-2.13	-0.37	-1.41	-4.81	2.12	0.00	0.00	0.00	0.00	4.54	2.96	17.18	11.46	2.28	4.26	1.51	5.03	2.59	2.32	2.08
		EI	-1.86	4.04	-5.23	2.48	-2.75	-8.79	-0.18	-3.73	-3.83	-18.69	-8.32	0.65	-13.59	-10.83	-6.60	-2.68	-12.47	-20.63	-2.50	-2.80
		ES	-0.02	0.15	-0.23	0.00	-0.13	-0.48	-1.98	-0.46	0.17	-0.57	0.08	-1.22	-2.20	-0.05	-0.12	-1.55	-0.68	-3.53	0.00	0.00

续表

行业		因素	2000年	2001年	2002年	2003年	2004年	2005年	2006年	2007年	2008年	2009年	2010年	2011年	2012年	2013年	2014年	2015年	2016年	2017年	2018年	2019年
中高排放行业	C15	P	-2.00	1.47	-0.96	-3.75	2.32	3.71	-6.62	1.66	0.65	5.76	1.87	0.11	0.58	0.18	0.13	-0.37	-0.76	-1.63	-0.33	-0.07
		IG	4.74	4.55	9.13	19.19	4.65	6.82	6.62	12.74	16.35	13.70	3.21	3.57	0.80	1.17	0.48	0.67	0.78	1.72	0.47	0.27
		IS	-51.27	93.70	-4.03	-13.69	-1.48	0.00	0.00	0.00	0.00	-19.17	-3.17	2.39	-2.41	1.76	-1.04	-0.98	2.03	1.41	1.35	1.29
		EI	50.07	-56.08	-5.17	4.63	-34.96	23.56	-4.28	-3.89	-25.15	-50.44	-7.87	-8.95	-3.47	-3.02	4.20	-5.83	-1.24	-3.54	-2.28	-1.49
		ES	-0.03	0.33	-0.05	0.15	-0.02	0.12	0.06	-0.06	0.06	-0.66	-0.19	-0.07	-0.18	-0.08	-1.34	0.13	-1.00	-0.89	0.00	0.00
	C17	P	-5.88	2.96	-1.29	-4.34	2.96	3.89	-4.93	1.00	0.28	3.22	1.70	0.11	0.61	0.19	0.14	-0.32	-0.62	-1.43	-0.29	-0.06
		IG	13.94	9.20	12.21	22.24	5.94	7.15	4.93	7.71	7.16	7.65	2.93	3.55	0.83	1.28	0.47	0.59	0.64	1.51	0.41	0.24
		IS	-5.69	-15.88	-8.67	-12.67	-13.38	0.00	0.00	0.00	0.00	-29.79	1.39	-2.88	-1.77	-0.40	0.63	1.43	-1.80	-1.47	-1.52	-1.57
		EI	11.65	25.55	-14.75	-9.64	-6.36	-20.65	-2.76	-22.41	-14.88	8.16	-8.25	-2.94	-3.36	-0.96	-2.25	-6.01	0.39	1.16	1.88	0.98
		ES	0.05	-0.09	-0.34	-0.07	-0.15	-0.14	-0.26	-0.18	-2.66	1.14	-0.32	-0.41	-0.17	0.15	0.02	-0.15	-0.51	-0.69	0.00	0.00
	C22	P	-3.59	1.73	-0.75	-2.71	2.03	2.86	-3.11	0.56	0.23	3.85	3.45	0.27	1.35	0.50	0.34	-0.75	-1.68	-3.86	-0.77	-0.17
		IG	8.50	5.38	7.17	13.89	4.08	5.26	3.11	4.32	5.87	9.15	5.93	8.52	1.86	3.26	1.14	1.36	1.73	4.06	1.11	0.64
		IS	-4.32	0.03	-6.51	-4.28	2.41	0.00	0.00	0.00	0.00	-11.66	8.13	-3.11	4.89	-0.82	1.87	-1.12	0.47	0.20	0.05	-0.08
		EI	-0.04	10.00	-10.38	-1.14	-14.75	-9.83	-18.00	-5.20	-1.89	-1.78	4.31	-25.37	-8.98	-1.12	-10.94	-6.22	-3.43	-1.30	3.82	-2.16
		ES	0.08	-0.03	-0.27	0.03	0.04	-0.03	-0.25	-0.23	-0.04	-0.06	0.40	-0.43	-0.76	-0.08	-0.23	-0.40	-0.64	-1.84	0.00	0.00
	C27	P	-2.60	1.32	-0.64	-2.31	1.56	2.10	-3.06	0.72	0.29	4.33	2.65	0.17	1.07	0.44	0.34	-0.60	-1.10	-4.45	-0.89	-0.20
		IG	6.16	4.10	6.13	11.84	3.13	3.87	3.06	5.50	7.38	10.28	4.54	5.48	1.46	2.92	1.14	1.10	1.13	4.67	1.28	0.73
		IS	-0.43	-0.52	-0.67	1.32	1.90	0.00	0.00	0.00	0.00	-11.31	-2.00	-2.49	2.77	0.96	-0.49	1.10	0.17	0.04	-0.12	-0.27
		EI	-4.51	14.29	-10.87	-7.47	-18.65	-2.51	-2.18	-6.21	-3.23	-10.62	-4.38	-10.37	-1.44	-0.58	-2.66	-15.84	6.73	-7.80	-0.11	-2.65
		ES	-0.02	0.00	-0.01	-0.38	-0.18	-0.03	0.14	-0.17	0.01	-0.38	-0.15	-0.99	-0.22	-0.57	-0.57	6.15	-12.33	-1.61	0.00	0.00

续表

行业		因素	2000年	2001年	2002年	2003年	2004年	2005年	2006年	2007年	2008年	2009年	2010年	2011年	2012年	2013年	2014年	2015年	2016年	2017年	2018年	2019年
中高排放行业	C29	P	-3.93	1.98	-0.93	-3.22	2.23	3.36	-5.03	1.23	0.45	6.33	4.11	0.30	2.01	0.76	0.56	-2.07	-5.74	-9.95	-1.99	-0.44
		IG	9.31	6.14	8.88	16.46	4.48	6.18	5.03	9.43	11.44	15.06	7.05	9.56	2.76	4.98	1.89	3.77	5.89	10.46	2.86	1.64
		IS	4.09	-1.07	-3.46	-2.49	-2.76	0.00	0.00	0.00	0.00	-2.84	-3.06	-10.36	-2.67	-0.76	5.20	3.95	3.79	1.80	1.43	1.09
		EI	-7.51	15.85	-11.22	-11.92	-12.86	-4.07	3.58	-9.27	-15.99	-24.95	-5.73	-0.91	-1.03	-2.56	-10.76	51.79	-67.04	-4.78	-7.74	-4.66
		ES	0.05	0.11	-0.44	-0.54	-0.04	0.31	-1.44	-1.91	0.15	-0.64	-0.61	-1.15	-0.17	-0.70	-0.62	-16.17	11.52	-3.31	0.00	0.00
	C32	P	-2.22	1.15	-0.43	-1.06	0.63	0.92	-1.17	0.29	0.13	2.90	1.92	0.16	1.56	0.77	0.59	-1.84	-5.54	-10.73	-2.11	-0.46
		IG	5.26	3.58	4.05	5.45	1.26	1.70	1.17	2.22	3.37	6.89	3.30	5.09	2.14	5.09	2.01	3.35	5.68	11.27	3.04	1.75
		IS	-1.42	-3.03	3.70	-0.11	2.30	0.00	0.00	0.00	0.00	1.13	8.40	2.44	0.21	5.31	-2.46	0.70	0.83	0.09	-0.30	-0.66
		EI	11.13	2.02	-14.78	-16.24	-0.54	-8.12	3.45	-4.87	4.35	-7.89	-16.40	1.72	9.80	-1.04	-2.70	14.96	-13.13	-21.47	7.41	4.49
		ES	-0.12	-0.35	0.54	-1.73	-0.28	-0.44	-0.71	0.20	0.71	-0.12	-0.99	-0.63	1.64	-0.95	-3.77	-6.01	-0.07	-1.68	-3.37	1.19
	C33	P	-4.06	1.97	-0.87	-3.28	2.49	3.72	-4.43	1.11	0.43	7.23	4.97	0.40	2.99	1.33	1.02	-2.02	-5.33	-18.77	-3.75	-0.82
		IG	9.62	6.12	8.24	16.79	5.00	6.85	4.43	8.53	10.89	17.17	8.54	12.72	4.10	8.75	3.47	3.68	5.47	19.72	5.40	3.10
		IS	-1.11	-3.49	-1.55	-0.33	9.11	0.00	0.00	0.00	0.00	-7.24	1.82	-0.56	8.10	-0.44	2.38	1.83	3.03	2.81	2.11	1.48
		EI	-1.22	13.60	-16.48	17.96	-36.69	-20.27	-3.96	-4.16	-6.32	-17.94	-8.22	-9.70	-3.20	6.35	-14.61	-48.00	40.91	-25.43	8.65	-11.40
		ES	0.29	-0.12	-0.12	-0.87	-1.17	0.40	-0.84	-0.25	-1.32	-1.76	-0.83	-1.89	0.85	1.34	-4.69	1.61	-7.08	-4.90	14.83	-14.54
	C34	P	-2.69	1.40	-0.75	-5.28	3.67	3.00	-3.57	0.84	0.37	6.18	3.80	0.28	1.10	0.26	0.17	-1.17	-3.40	-3.71	-0.74	-0.16
		IG	6.37	4.34	7.09	27.01	7.36	5.52	3.57	6.42	9.36	14.68	6.52	9.07	1.50	1.69	0.59	2.13	3.49	3.89	1.07	0.61
		IS	-0.78	1.98	-0.92	-0.53	13.41	0.00	0.00	0.00	0.00	16.86	-4.17	-2.15	-3.45	0.62	0.96	2.20	1.98	0.57	0.43	0.31
		EI	1.07	9.19	0.93	82.73	-129.01	-13.87	-8.03	-2.90	4.08	-45.37	-5.98	-7.52	-22.13	-0.83	-4.70	57.64	-55.79	-4.60	-10.24	7.66
		ES	0.31	-0.94	0.77	1.24	-5.16	-1.06	0.67	0.00	-1.90	-0.61	0.23	-2.12	-5.13	0.16	-1.29	13.59	-19.56	0.15	-0.04	0.00

续表

行业		因素	2000年	2001年	2002年	2003年	2004年	2005年	2006年	2007年	2008年	2009年	2010年	2011年	2012年	2013年	2014年	2015年	2016年	2017年	2018年	2019年
中高排放行业	C35	P	-1.12	0.43	-0.19	-0.74	0.46	0.52	-0.83	0.21	0.12	3.15	2.07	0.15	1.14	0.89	1.27	-1.94	-4.51	-8.25	-1.65	-0.36
		IG	2.65	1.35	1.76	3.80	0.93	0.95	0.83	1.60	3.08	7.48	3.56	4.79	1.56	5.88	4.29	3.53	4.62	8.67	2.37	1.36
		IS	0.52	1.39	0.73	-0.07	1.69	0.00	0.00	0.00	0.00	15.34	-4.17	-0.63	10.87	2.21	-9.89	2.47	-8.73	-5.73	-6.04	-6.32
		EI	-5.10	-0.64	-4.09	2.52	-11.54	-1.27	2.94	-4.03	11.78	-20.96	-6.34	-3.15	-7.70	68.23	4.62	-47.75	30.43	-59.13	-1.82	2.29
		ES	-0.24	0.07	0.04	0.09	-0.95	-0.04	-0.36	0.30	0.06	-1.15	0.11	-0.25	-0.02	1.12	-1.16	-21.05	18.79	-12.10	0.00	0.00
	C37	P	-2.60	1.32	-0.64	-2.31	1.56	2.10	-3.06	0.72	0.29	4.33	2.65	0.17	1.07	0.44	0.34	-0.60	-1.10	-4.45	-0.89	-0.20
		IG	8.95	5.35	7.75	15.56	4.09	5.37	4.16	7.65	11.57	19.79	7.83	10.26	3.10	5.56	1.96	2.16	3.61	14.44	3.95	2.27
		IS	1.75	-26.33	3.21	-0.30	7.45	0.00	0.00	0.00	0.00	41.03	1.00	-5.44	-0.74	0.10	3.62	5.25	2.34	2.50	1.99	1.53
		EI	-10.46	35.58	-12.03	-8.86	-27.73	-1.64	-2.01	-7.58	12.53	-75.97	-24.95	-1.86	0.50	-6.82	-9.77	-29.29	25.35	-12.12	-2.29	-2.57
		ES	-0.20	0.29	-0.25	-0.93	-0.42	-0.37	0.19	-1.97	-1.53	-1.02	-1.29	-1.38	-1.52	-1.45	-3.44	1.55	-3.15	-0.94	0.00	0.00
	D44	P	-2.44	1.13	-0.67	-1.97	1.26	3.25	-3.86	0.47	0.24	5.49	2.85	0.21	1.49	0.62	0.42	-0.79	-1.68	-4.37	-0.87	-0.19
		IG	5.79	3.50	6.41	10.09	2.53	5.97	3.86	3.60	5.97	13.05	4.90	6.86	2.04	4.09	1.42	1.45	1.72	4.59	1.26	0.72
		IS	1.13	-0.45	2.66	-0.20	4.61	0.00	0.00	0.00	0.00	7.90	0.56	-3.30	-0.97	-2.44	0.12	0.06	0.26	0.05	-0.12	-0.26
		EI	-4.12	0.40	11.96	-42.62	11.38	9.27	-28.40	-20.29	29.37	-42.37	-13.77	1.70	-6.27	11.67	-22.61	-3.26	-9.03	3.48	0.16	-3.21
		ES	-1.46	4.76	0.31	-1.73	1.62	0.15	-2.50	-0.23	1.75	0.19	-0.24	0.33	-0.06	0.31	-0.36	-4.68	2.96	-2.58	2.28	0.88
中排放行业	B10	P	-10.57	5.56	-2.79	-10.63	8.31	13.35	-19.38	4.67	1.63	28.32	14.54	1.05	7.03	2.86	2.25	-5.75	-14.41	-45.09	-7.49	-1.64
		IG	25.06	17.26	26.51	54.41	16.67	24.55	19.38	35.87	41.19	67.31	24.97	33.58	9.64	18.87	7.64	10.47	14.78	47.38	10.79	6.20
		IS	-11.94	4.94	-9.07	3.48	28.63	0.00	0.00	0.00	0.00	-33.93	8.48	-17.12	-2.29	-18.02	17.23	8.34	11.68	10.42	7.28	6.02
		EI	4.33	46.21	-24.78	-27.92	-57.52	-18.60	2.10	-39.12	-43.83	-55.20	-99.71	-5.05	-5.56	34.36	-46.33	-12.19	-44.08	0.97	-7.68	-9.45
		ES	1.04	1.03	0.16	-0.73	-1.05	1.20	-1.37	-4.24	0.84	1.36	-16.44	-2.47	-14.72	-0.67	1.22	-13.40	-7.55	-10.41	0.00	4.39

续表

行业		因素	2000年	2001年	2002年	2003年	2004年	2005年	2006年	2007年	2008年	2009年	2010年	2011年	2012年	2013年	2014年	2015年	2016年	2017年	2018年	2019年
中排放行业	C18	P	-1.09	0.52	-0.26	-0.98	0.68	1.14	-1.58	0.34	0.12	1.73	1.05	0.07	0.44	0.17	0.12	-0.29	-0.71	-1.27	-0.25	-0.06
		IG	2.59	1.60	2.43	5.03	1.36	2.09	1.58	2.58	3.10	4.12	1.80	2.20	0.60	1.11	0.39	0.52	0.73	1.34	0.37	0.21
		IS	-1.12	-2.40	-1.36	-3.81	-1.11	0.00	0.00	0.00	0.00	-4.63	-1.13	0.18	1.00	0.02	-0.22	0.68	0.91	0.50	0.45	0.41
		EI	0.74	3.86	1.53	-1.29	-2.13	0.23	-3.89	-3.39	-4.24	-2.76	-2.95	-4.12	-1.10	-1.29	-1.88	-2.33	-1.34	-3.28	-1.17	-0.74
		ES	0.03	0.05	-0.07	-0.16	-0.17	0.40	0.00	-0.18	0.04	-0.22	-0.07	0.08	-0.26	0.01	-0.04	-0.46	-0.22	-1.11	0.00	0.00
	C38	P	-2.28	1.02	-0.38	-1.36	0.87	1.35	-1.97	0.53	0.21	2.71	1.43	0.10	0.73	0.26	0.19	-0.29	-0.50	-3.13	-0.62	-0.14
		IG	5.41	3.16	3.59	6.95	1.74	2.48	1.97	4.08	5.40	6.43	2.46	3.34	0.99	1.74	0.64	0.52	0.52	3.29	0.90	0.52
		IS	1.06	0.86	1.49	-0.14	3.16	0.00	0.00	0.00	0.00	-6.17	-2.83	-0.11	-1.00	0.71	1.21	-0.14	0.62	1.17	1.06	0.95
		EI	5.89	-10.04	-4.72	-4.24	-11.13	-0.42	-3.08	4.02	-9.91	-8.24	-4.52	-0.78	-0.38	-2.34	-3.93	-7.53	2.28	0.71	-0.14	-0.44
		ES	0.32	-0.19	-0.22	1.36	-4.84	1.86	-0.28	-0.45	-0.59	-0.53	-0.12	-0.31	-1.16	-0.10	0.19	4.83	-6.48	-0.69	0.00	0.00
	C39	P	-1.42	0.74	-0.36	-1.02	0.59	1.22	-1.74	0.35	0.13	1.82	1.02	0.08	0.65	0.21	0.11	-0.06	-0.12	-2.28	-0.45	-0.10
		IG	3.36	2.29	3.43	5.20	1.18	2.23	1.74	2.69	3.40	4.32	1.76	2.61	0.89	1.36	0.36	0.10	0.13	2.39	0.65	0.38
		IS	0.66	3.03	1.42	-0.10	2.16	0.00	0.00	0.00	0.00	-12.47	-1.01	-0.49	1.86	0.71	-0.70	-0.25	-0.30	-1.94	-2.02	-2.10
		EI	-1.54	4.41	-7.21	-3.26	-1.48	-5.58	-4.97	-3.90	-3.29	2.21	-0.60	-0.95	0.84	-9.91	-1.29	-2.69	2.41	0.73	-15.95	19.85
		ES	-0.01	-0.43	0.48	-1.27	-8.69	4.84	-1.08	-0.55	0.69	-0.87	-1.03	-0.11	-0.45	0.29	-0.08	2.70	-2.61	-0.03	0.00	0.00
中低排放行业	C41	P	-0.88	0.44	-0.19	-0.61	0.58	1.03	-1.05	0.17	0.07	1.26	0.73	0.05	0.13	0.02	0.02	-0.10	-0.20	-0.20	-0.04	-0.01
		IG	2.08	1.36	1.85	3.10	1.16	1.90	1.05	1.33	1.80	2.99	1.25	1.61	0.17	0.13	0.06	0.18	0.21	0.21	0.06	0.03
		IS	0.41	-1.59	0.77	-0.06	2.11	0.00	0.00	0.00	0.00	-10.54	-0.04	0.29	-1.87	0.21	0.40	0.35	0.16	0.04	0.04	0.03
		EI	-1.50	4.49	-5.37	-3.84	4.22	-7.40	-4.67	-4.54	2.84	3.49	-1.99	-3.05	-3.02	-0.48	0.89	1.24	-3.30	-0.04	-0.21	-0.48
		ES	0.01	0.11	-0.04	0.80	-0.84	0.38	-0.03	-0.12	-0.01	-0.07	-0.13	0.04	-1.51	-0.01	0.63	-0.63	-0.09	-0.03	0.00	0.00

续表

行业		因素	2000年	2001年	2002年	2003年	2004年	2005年	2006年	2007年	2008年	2009年	2010年	2011年	2012年	2013年	2014年	2015年	2016年	2017年	2018年	2019年
中低排放行业	D45	P	-0.55	0.37	-0.14	-0.59	0.55	0.51	-0.43	0.05	0.01	0.15	0.23	0.02	0.06	0.02	0.02	-0.02	-0.06	-0.37	-0.07	-0.02
		IG	1.30	1.14	1.31	3.02	1.10	0.94	0.43	0.35	0.24	0.36	0.39	0.54	0.08	0.15	0.06	0.04	0.06	0.39	0.11	0.06
		IS	0.26	4.67	0.54	-0.06	2.01	0.00	0.00	0.00	0.00	-0.83	0.61	0.43	0.09	0.00	0.18	0.02	0.04	0.07	0.06	0.05
		EI	3.09	-5.98	-4.59	5.35	-4.50	-9.55	-1.08	-2.72	-0.29	0.37	2.81	-5.02	0.00	-0.18	0.00	-0.72	0.29	0.11	-0.53	2.55
		ES	-0.40	0.90	-0.03	-1.10	-1.29	1.12	-0.25	-0.98	-0.03	0.00	0.01	-0.02	0.05	0.00	-0.02	0.74	-0.58	-0.01	0.00	0.00
低排放行业	C19	P	-0.51	0.22	-0.11	-0.41	0.23	0.28	-0.31	0.07	0.03	0.26	0.15	0.02	0.15	0.07	0.04	-0.08	-0.15	-0.17	-0.03	-0.01
		IG	1.20	0.69	1.09	2.11	0.46	0.51	0.31	0.53	0.64	0.61	0.26	0.48	0.20	0.45	0.14	0.14	0.15	0.18	0.05	0.03
		IS	-1.89	1.18	-2.01	-0.81	-0.71	0.00	0.00	0.00	0.00	-2.84	-0.28	-0.21	1.96	-0.09	-0.06	0.71	0.47	0.17	0.16	0.16
		EI	1.14	-0.82	3.08	-3.36	-1.52	-1.81	-0.64	-0.60	-0.95	0.44	0.76	-0.25	0.10	-1.04	-1.27	-2.11	-0.27	-1.35	-0.71	-0.18
		ES	0.01	-0.02	-0.03	-0.05	0.03	0.00	-0.03	0.03	0.00	-0.09	0.08	0.00	-0.03	-0.07	-0.02	-0.08	-0.31	-0.05	0.00	0.00
	C20	P	-0.49	0.24	-0.12	-0.47	0.37	0.55	-0.97	0.17	0.04	0.68	0.26	0.01	0.05	0.02	0.00	-0.03	-0.09	-0.27	-0.05	-0.01
		IG	1.16	0.75	1.10	2.42	0.75	1.02	0.97	1.31	1.12	1.62	0.45	0.32	0.07	0.14	0.02	0.06	0.09	0.29	0.08	0.05
		IS	0.72	-1.35	-0.83	-1.03	0.44	0.00	0.00	0.00	0.00	-5.21	-0.81	-0.29	-0.08	-0.41	0.04	0.02	0.14	0.13	0.12	0.11
		EI	-0.74	2.64	-1.58	2.50	-3.97	0.26	2.63	-9.17	0.97	0.69	-2.38	-0.62	-0.05	0.48	-0.33	0.08	-0.05	-0.37	-0.41	-0.23
		ES	-0.14	0.31	-0.10	-0.20	-0.05	0.05	0.26	-0.36	-0.17	0.19	-0.32	-0.08	-0.01	0.03	-0.37	-0.05	0.10	0.01	0.00	0.00
	C21	P	-0.58	0.30	-0.13	-0.42	0.23	0.37	-0.73	0.16	0.05	0.82	0.41	0.02	0.12	0.04	0.03	-0.04	-0.14	-0.41	-0.08	-0.02
		IG	1.38	0.92	1.22	2.12	0.46	0.69	0.73	1.26	1.38	1.95	0.71	0.71	0.16	0.25	0.09	0.07	0.14	0.43	0.12	0.07
		IS	-0.48	-2.32	1.69	-0.29	-1.05	0.00	0.00	0.00	0.00	-5.71	0.08	-0.46	0.65	0.02	-0.07	0.23	0.21	0.19	0.17	0.16
		EI	2.03	2.30	-2.81	-3.36	-1.62	2.06	1.88	-5.13	-0.19	1.27	-2.80	-1.08	-1.40	-0.36	-0.12	-0.61	0.03	-1.06	0.62	-0.25
		ES	-0.03	-0.04	-0.10	-0.18	-0.06	-0.02	0.14	0.00	0.08	-0.06	-0.06	-0.25	-0.06	-0.01	-0.14	-0.36	0.04	-0.02	0.00	0.00

续表

行业		因素	2000年	2001年	2002年	2003年	2004年	2005年	2006年	2007年	2008年	2009年	2010年	2011年	2012年	2013年	2014年	2015年	2016年	2017年	2018年	2019年
低排放行业	C23	P	-3.59	1.73	-0.75	-2.71	2.03	2.86	-3.11	0.56	0.23	3.85	3.45	0.27	1.35	0.50	0.34	-0.75	-1.68	-3.86	-0.77	-0.17
		IG	8.50	5.38	7.17	13.89	4.08	5.26	3.11	4.32	5.87	9.15	5.93	8.52	1.86	3.26	1.14	1.36	1.73	4.06	1.11	0.64
		IS	-4.32	0.03	-6.51	-4.28	2.41	0.00	0.00	0.00	0.00	-11.66	8.13	-3.11	4.89	-0.82	1.87	-1.12	0.47	0.20	0.05	-0.08
		EI	-0.04	10.00	-10.38	-1.14	-14.75	-9.83	-18.00	-5.20	-1.89	-1.78	4.31	-25.37	-8.98	-1.12	-10.94	-6.22	-3.43	-1.30	3.82	-2.16
		ES	0.08	-0.03	-0.27	0.03	0.04	-0.03	-0.25	-0.23	-0.04	-0.06	0.40	-0.43	-0.76	-0.08	-0.23	-0.40	-0.64	-1.84	0.00	0.00
	C24	P	-0.29	0.11	-0.05	-0.15	0.11	0.21	-0.46	0.13	0.03	0.43	0.32	0.02	0.21	0.13	0.10	-0.26	-0.67	-1.49	-0.28	-0.06
		IG	0.69	0.34	0.43	0.77	0.22	0.38	0.46	0.98	0.86	1.03	0.55	0.67	0.28	0.84	0.35	0.48	0.68	1.57	0.41	0.23
		IS	-0.69	-0.46	0.26	-0.45	-0.47	0.00	0.00	0.00	0.00	-1.98	-0.10	-0.56	5.92	3.90	1.27	1.45	-0.25	-0.25	-0.29	-0.34
		EI	0.37	0.11	-1.10	-0.21	-0.21	0.85	2.69	-2.53	-3.05	0.94	1.30	-2.78	-1.15	-4.85	0.00	-3.83	0.46	-1.45	-4.01	-0.64
		ES	0.10	-0.15	-0.02	0.02	-0.03	0.07	0.01	0.05	-0.09	0.03	-0.28	0.00	0.21	-0.11	-0.41	-1.10	-0.28	-1.05	0.00	0.00
	C28	P	-0.80	0.41	-0.20	-0.58	0.32	0.45	-0.65	0.07	0.01	0.12	0.03	0.00	0.05	0.02	0.01	-0.03	-0.12	-0.16	-0.03	-0.01
		IG	1.90	1.26	1.92	2.95	0.64	0.83	0.65	0.53	0.20	0.29	0.05	0.09	0.07	0.14	0.04	0.05	0.12	0.17	0.05	0.03
		IS	0.66	-3.96	-0.87	0.59	1.07	0.00	0.00	0.00	0.00	-1.60	-0.06	0.06	0.41	0.11	-0.12	0.10	-1.66	-0.78	-0.78	-0.79
		EI	-2.73	8.82	-3.08	-4.36	-5.52	-1.58	1.69	-8.15	0.11	0.73	-0.62	0.76	0.14	-0.82	-0.23	2.62	-2.10	0.59	0.45	0.77
		ES	-0.01	0.07	-0.01	-0.64	-0.18	0.03	-0.31	-0.04	0.05	0.00	-0.01	0.00	-0.04	0.04	-0.01	-2.82	2.69	-0.35	0.00	0.00
	C40	P	-0.42	0.24	-0.10	-0.36	0.39	0.26	-0.22	0.05	0.01	0.11	0.08	0.01	0.02	0.01	0.01	-0.03	-0.07	-0.24	-0.05	-0.01
		IG	1.00	0.74	0.99	1.82	0.79	0.49	0.22	0.37	0.27	0.27	0.13	0.22	0.03	0.04	0.02	0.06	0.07	0.26	0.07	0.04
		IS	0.20	0.00	0.41	-0.04	1.43	0.00	0.00	0.00	0.00	-0.12	0.00	-0.37	-0.36	-0.08	-0.05	0.22	-0.11	-0.14	-0.15	-0.16
		EI	-1.25	4.13	-5.39	6.36	-11.95	-4.26	-0.07	-0.71	-1.12	-0.34	-0.24	0.66	-0.45	0.42	0.10	0.12	-0.21	0.07	-0.34	0.17
		ES	-5.20	9.95	0.74	-5.89	-0.08	-0.19	-0.30	-0.08	-0.27	0.06	-0.01	0.01	-0.34	0.13	0.03	0.14	0.24	-0.05	0.00	0.00

续表

行业		因素	2000年	2001年	2002年	2003年	2004年	2005年	2006年	2007年	2008年	2009年	2010年	2011年	2012年	2013年	2014年	2015年	2016年	2017年	2018年	2019年
低排放行业	D46	P	-0.04	0.01	-0.01	0.07	0.05	0.09	-0.11	0.02	0.01	0.08	0.05	0.00	0.03	0.01	0.00	0.03	0.08	0.04	0.01	0.00
		IG	0.09	0.04	0.10	-0.34	0.09	0.17	0.11	0.15	0.13	0.18	0.09	0.14	0.04	0.07	-0.01	-0.06	-0.08	-0.04	-0.01	-0.01
		IS	0.02	0.06	0.04	0.01	0.17	0.00	0.00	0.00	0.00	-0.36	0.02	-0.02	0.05	-0.01	0.01	0.01	0.01	-0.02	-0.01	-0.01
		EI	-0.43	0.03	0.43	0.24	0.04	-0.26	-0.41	-0.29	-0.39	0.20	-0.20	-0.01	-0.15	-0.05	0.02	0.41	0.19	0.04	0.03	0.02
		ES	-0.07	0.00	0.02	0.04	0.05	0.02	-0.02	-0.01	-0.08	-0.01	0.00	-0.02	0.00	0.00	0.10	-0.17	0.10	-0.02	0.01	0.00

注：P代表人口规模；IG代表工业发展；IS代表行业结构；EI代表能耗强度；ES代表能耗结构。

参考文献

[1] 安涛. 秦皇岛市低碳城市试点建设经验谈 [J]. 节能, 2018, 37 (01): 80—85.

[2] 刘中民, 王倩. 多维视角中的国际气候制度研究综述 [J]. 太平洋学报, 2007 (06): 26—33 +63.

[3] 刘奕均. 低碳经济背景下实现我国经济可持续发展的思路——国际碳交易对我国经济发展的启示 [J]. 价格理论与实践, 2009 (10): 29—30.

[4] 张宁, 贺姝峒, 王军锋, 陈颖, 康磊. 碳交易背景下天津市电力行业碳排放强度与基准线 [J]. 环境科学研究, 2018, 31 (01): 187—193.

[5] 邓荣荣. 我国首批低碳试点城市建设绩效评价及启示 [J]. 经济纵横, 2016 (08): 41—46.

[6] 甘志霞, 白雪, 冯钰文. 基于区域低碳创新系统功能分析框架的京津冀低碳创新协同发展思路 [J]. 环境保护, 2016, 44 (08): 57—60.

[7] 赵杏晖, 宾建成.《巴黎气候协定》生效对我国外贸发展的影响与对策 [J]. 经济论坛, 2017 (02): 97—102.

[8] 丁丁, 蔡蒙, 付琳, 杨秀. 基于指标体系的低碳试点城市评价 [J]. 中国人口·资源与环境, 2015, 25 (10): 1—10.

[9] 康绍大, 王健. 科技进步与城市低碳经济发展的互动效应研究 [J]. 宏观经济研究, 2016 (08): 116—122.

[10] 吴健生, 许娜, 张曦文. 中国低碳城市评价与空间格局分析

[J]. 地理科学进展，2016，35（02）：204—213.

[11] 谢鹏程，王文军，廖翠萍，赵黛青. 基于能源活动的广州市二氧化碳排放清单研究 [J]. 生态经济，2018，34（03）：18—22.

[12] 曹明德，徐以祥. 中国现有温室气体减排的政策措施与气候立法 [J]. 气候变化研究快报，2012，1（1）：22—32.

[13] Wang S, Fang C, Wang Y. Spatiotemporal variations of energy - related COs emissions in China and its influencing factors: an empirical analysis based on provincial panel data [J]. Renewable and Sustainable Energy Reviews, 2016, 55: 505—515.

[14] 胡艳兴，潘竟虎，李真，白燕，张建辉. 中国省域能源消费碳排放时空异质性的 EOF 和 GWR 分析 [J]. 环境科学学报，2016，36（05）：1866—1874.

[15] 王瑛，何艳芬. 中国省域二氧化碳排放的时空格局及影响因素 [J]. 世界地理研究，2020，29（03）：512—522.

[16] He M, Zheng J, Yin S, et al. Trends, temporal and spatial characteristics, and uncertainties in biomass burning emissions in the Pearl River Delta, China [J]. Atmospheric environment, 2011, 45 (24): 4051—4059.

[17] 王铮，刘晓，朱永彬，黄蕊. 京、津、冀地区的碳排放趋势估计 [J]. 地理与地理信息科学，2012，28（01）：84—89.

[18] 莫惠斌，王少剑. 黄河流域县域碳排放的时空格局演变及空间效应机制 [J]. 地理科学，2021，41（08）：1324—1335.

[19] 武娜，沈镭，钟帅，张超. 晋陕蒙地区经济增长与碳排放时空耦合关系 [J]. 经济地理，2019，39（09）：17—23.

[20] 张艳芳. 西安市土地利用变化与碳排放空间格局特征研究 [J]. 西北大学学报（自然科学版），2013，43（02）：287—292.

[21] Ma, Chun, et al. "Energy consumption and carbon emissions in a coastal city in China." Procedia Environmental Sciences 4. 2011 (2011): 1—9.

[22] 陈林，罗怀良，李政，张梅. 宜宾市近 15 年农业碳排放时空格

局及其驱动力分析［J］. 西南农业学报，2019，32（06）：1426—1434.

［23］董祚继. 低碳概念下的国土规划［J］. 城市发展研究，2010，17（07）：1—5.

［24］Novara A，Keesstra S，Cerdá A，et al. Understanding the role of soil erosion on CO_2 – C loss using 13C isotopic signatures in abandoned Mediterranean agricultural land［J］. Science of the Total Environment，2016，550：330—336.

［25］Baccini A，Goetz S J，Walker W S. Estimated Carbon Dioxide Emissions from Tropical Deforestation Improved by Carbon – density Maps［J］. Nature Climate Change，2012，2（3）：1—4.

［26］Calle L，Canadell J G. Regional carbon fluxes from land use and land cover change in Asia，1980—2009. Environmental Research Letters，2016，11（1）：1—12.

［27］陶云，梁红梅，房乐楠，高军凯，曲奕桦. 烟台市土地利用结构与能源消费碳排放关联测度［J］. 水土保持通报，2016，36（5）：156—161.

［28］黄鲁霞，韩骥，袁坤，象伟宁. 中国建设用地碳排放强度及其区域差异分析［J］. 环境科学与技术，2016，39（8）：185—192.

［29］夏楚瑜，李艳，叶艳妹，史舟，刘婧鸣，李效顺. 基于生态网络效用的城市碳代谢空间分析——以杭州为例［J］. 生态学报，2018，38（1）：1—13.

［30］田云，张俊飚. 中国农业碳排放、低碳农业生产率及其协调性研究［J］. 中国农业大学学报，2017，22（5）：208—218.

［31］余德贵，吴群. 基于碳排放约束的土地利用结构优化模型研究及其应用［J］. 长江流域资源与环境，2011，20（8）：911—917.

［32］黎孔清，李烨. 江苏省徐州市土地利用碳排放特征及脱钩效应研究［J］. 农村经济与科技，2017，28（5）：35—39.

［33］樊高源，杨俊孝. 土地利用结构、经济发展与土地碳排放影响效应研究——以乌鲁木齐市为例［J］. 中国农业资源与区划，2017，38

(10): 177—184.

[34] Wei J, Huang K, Yang S S, Li Y, Hu T T, Zhang Y. Driving forces analysis of energy - related carbon dioxide (CO_2) emission in Beijing: an input - output structural decomposition analysis [J]. Journal of Cleaner Production, 2017, 163: 58-68.

[35] D'Orazio P, Dirks M. Exploring the Effects of Climate - related Financial Policies on Carbon Emissions in G20 Countries: A Panel Quantile Regression Approach [J]. 2021.

[36] Balsalobre - Lorente D, Sinha A, Driha O M, et al. Assessing the impacts of ageing and natural resource extraction on carbon emissions: A proposed policy framework for European economies [J]. Journal of Cleaner Production, 2021, 296: 126470.

[37] 胡剑波，王青松. 基于泰尔指数的中国农业能源消费碳排放区域差异研究 [J]. 贵州社会科学，2019 (07): 108—117.

[38] 马大来. 中国农业能源碳排放效率的空间异质性及其影响因素——基于空间面板数据模型的实证研究 [J]. 资源开发与市场，2018, 34 (12): 1693—1700 + 1765.

[39] 张巍，尚丽. 陕西省工业碳排放影响因素分析与启示 [J]. 生态经济，2017, 33 (05): 80—83.

[40] 王少剑，田莎莎，蔡清楠，伍慧清，吴璨熹. 产业转移背景下广东省工业碳排放的驱动因素及碳转移分析 [J]. 地理研究，2021, 40 (09): 2606—2622.

[41] 李治国，朱永梅，吴茜. 山东省制造业碳排放驱动因素研究——基于 GDIM 方法 [J]. 华东经济管理，2019, 33 (04): 30—36.

[42] 穆晓央，王力，徐蓉，国子婧. 西部省域物流业碳排放脱钩及影响因素研究 [J]. 环境科学与技术，2020, 43 (04): 214—219.

[43] 安祥华，姜昀. 我国火电行业二氧化碳排放现状及控制建议 [J]. 中国煤炭，2011, 37 (01): 108—110 + 91.

[44] 宋敏，辛强，贺易楠. 碳金融交易市场风险的 VaR 度量与防

控——基于中国五所碳排放权交易所的分析［J］．西安财经大学学报，2020，33（03）：120—128．

［45］张彩江，李章雯，周雨．碳排放权交易试点政策能否实现区域减排？［J］．软科学，2021，35（10）：93—99．

［46］钟悦之．江西省碳排放时空变化特征研究［D］．江西师范大学，2011．

［47］Baojun Tang，Ru Li，Biying Yu，Runying An，Yi－Ming Wei．How to peak carbon emissions in China's power sector：A regional perspective［J］．Energy Policy，2018，120．

［48］Boqiang Lin，Ruipeng Tan．Sustainable development of China's energy intensive industries：From the aspect of carbon dioxide emissions reduction［J］．Renewable and Sustainable Energy Reviews，2017，77．

［49］Na Wang，Patrick E．Phelan，Chioke Harris，Jared Langevin，Brent Nelson，Karma Sawyer．Past visions，current trends，and future context：A review of building energy，carbon，and sustainability［J］．Renewable and Sustainable Energy Reviews，2018，82．

［50］李雪梅，张庆．天津市能源消费碳排放影响因素及其情景预测［J］．干旱区研究，2019，36（04）：997—1004．

［51］李健，王尧，王颖．天津市碳排放脱钩态势及碳减排潜力分析——基于2007—2016年的面板数据［J］．生态经济，2019，35（04）：26—32．

［52］张贞，高金权，薛雅君．天津市不同土地利用的碳排放特征及空间格局研究［J］．资源开发与市场，2016，32（04）：437—442．

［53］江文渊，曾珍香，张征云．天津市产业碳排放的影响因素及贡献［J］．水土保持通报，2020，40（05）：152—159．

［54］童玉芬，周文．家庭人口老化对碳排放的影响——基于家庭微观视角的实证研究［J］．人口学刊，2020，42（03）：78—88．

［55］徐国泉，刘则渊，姜照华．中国碳排放的因素分解模型及实证分析：1995—2004［J］．中国人口·资源与环境，2006（06）：158—161．

[56]宁论辰，郑雯，曾良恩. 2007—2016 年中国省域碳排放效率评价及影响因素分析——基于超效率 SBM - Tobit 模型的两阶段分析 [J]. 北京大学学报（自然科学版），2021，57（01）：181—188.

[57] 张庆宇，张雨龙，潘斌斌. 改革开放 40 年中国经济增长与碳排放影响因素分析 [J]. 干旱区资源与环境，2019，33（10）：9—13.

[58] Gill, Abid Rashid, Kuperan K. Viswanathan, and Sallahuddin Hassan. "The Environmental Kuznets Curve (EKC) and the environmental problem of the day." Renewable and sustainable energy reviews 81 (2018): 1636—1642.

[59] 张志新，黄海蓉，林立. 贸易开放、经济增长与碳排放关系分析——基于"一带一路"沿线国家的实证研究 [J]. 软科学，2021，35（10）：44—48.

[60] 党曹妮，刘引鸽，王少雄，马楠，杨子. 甘肃省碳排放影响因素分析 [J]. 能源与环境，2018（05）：6—7 +9.

[61] 李旭东. 贵州省直接生活能源碳排放及影响因素分析 [J]. 环境科学与技术，2018，41（08）：184—191.

[62] 王杰，李治国，谷继建. 金砖国家碳排放与经济增长脱钩弹性及驱动因素——基于 Tapio 脱钩和 LMDI 模型的分析 [J]. 世界地理研究，2021，30（03）：501—508.

[63] 杜运伟，黄涛珍，康国定. 基于 Kaya 模型的江苏省人口城镇化对碳排放的影响 [J]. 人口与社会，2015，31（01）：33—41.

[64] 秦军，唐慕尧. 基于 Kaya 恒等式的江苏省碳排放影响因素研究 [J]. 生态经济，2014，30（11）：53—56.

[65] 陈万龙，侯军岐. 基于 Kaya 模型的中国低碳经济策略探讨 [J]. 价值工程，2010，29（22）：3—4.

[66] 付云鹏，马树才，宋琪，郜健. 基于 LMDI 的中国碳排放影响因素分解研究 [J]. 数学的实践与认识，2019，49（04）：7—17.

[67] 张勇，张乐勤，包婷婷. 安徽省城市化进程中的碳排放影响因素研究——基于 STIRPAT 模型 [J]. 长江流域资源与环境，2014，23（04）：512—517.

［68］张乐勤，何小青．安徽省城镇化演进与碳排放间库兹涅茨曲线假说与验证［J］．云南师范大学学报（自然科学版），2015，35（01）：54—61.

［69］张帆，徐宁，吴锋．共享社会经济路径下中国2020—2100年碳排放预测研究［J/OL］．生态学报，2021（24）：1—14［2021－09－12］.

［70］荣培君，秦耀辰，王伟．河南省城镇化发展演变与碳排放效应研究［J］．河南大学学报（自然科学版），2016，46（05）：514—521.

［71］梁雪石，贾利．基于岭回归的黑龙江省城镇化对碳排放的影响分析［J］．国土与自然资源研究，2015（04）：30—32.

［72］Gomi K，Shimada K，Matsuoka Y．A low－carbon scenario creation method for a local－scale economy and its application in Kyoto city［J］．Energy Policy，2010，38（9）：4783—4796.

［73］A K S，B Y T，C K G，et al. Developing a long－term local society design methodology towards a low－carbon economy：An application to Shiga Prefecture in Japan［J］．Energy Policy，2007，35（9）：4688—4703.

［74］Wissema W，Dellink R．AGE analysis of the impact of a carbon energy tax on the Irish economy［J］．Ecological Economics，2007，61（4）：671—683.

［75］S. Mallah，N. K. Bansal. Renewable Energy for Sustainable Electrical Energy System in India［J］．Energy Policy，2010，（38）：3933—3942.

［76］禹湘，陈楠，李曼琪．中国低碳试点城市的碳排放特征与碳减排路径研究［J］．中国人口·资源与环境，2020，30（07）：1—9.

［77］景跃军，刁巍杨．东北地区一次能源消费的碳排放及低碳经济发展路径研究［J］．管理评论，2010，22（08）：109—113.

［78］赵忠，任俊义，黄婉澈．山东省碳排放的影响因素及低碳经济发展路径探析［J］．生态经济，2013（04）：62—65＋69.

［79］张馨．陕西碳排放特征及低碳发展路径研究［J］．新西部，2017（05）：59—61.

[80] 杨红娟, 程元鹏. 云南少数民族地区能源碳排放预测及减排路径研究 [J]. 经济问题探索, 2016 (04): 183—190.

[81] 何剑, 王欣爱. 新疆碳排放决定因素和绿色发展路径研究 [J]. 新疆农垦经济, 2017 (04): 80—86.

[82] 董梅, 李存芳. 低碳省区试点政策的净碳减排效应 [J]. 中国人口·资源与环境, 2020, 30 (11): 63—74.

[83] 张扬, 熊小平, 康艳兵. 我国交通部门碳排放影响因素及减排路径研究 [J]. 环境保护, 2015, 43 (11): 54—57.

[84] Morrow W R, Gallagher K S, Collantes G, et al. Analysis of policies to reduce oil consumption and greenhouse - gas emissions from the US transportation sector [J]. Energy Policy, 2010, 38 (3): 1305—1320.

[85] Sims R E H, Rogner H H, Gregory K. Carbon emission and mitigation cost comparisons between fossil fuel, nuclear and renewable energy resources for electricity generation [J]. Energy Policy, 2003, 31.

[86] 尹岩, 郗凤明, 邴龙飞, 王娇月, 李杰颖, 杜立宇, 刘丽. 我国设施农业碳排放核算及碳减排路径 [J/OL]. 应用生态学报: 1—9 [2021—09—13].

[87] 孙艳芝, 沈镭, 钟帅, 刘立涛, 武娜, 李林朋, 孔含笑. 中国碳排放变化的驱动力效应分析 [J]. 资源科学, 2017, 39 (12): 2265—2274.

[88] 韩骥, 周翔, 象伟宁. 土地利用碳排放效应及其低碳管理研究进展 [J]. 生态学报, 2016, 36 (04): 1152—1161.

[89] 刘菁. 碳足迹视角下中国建筑全产业链碳排放测算方法及减排政策研究 [D]. 北京交通大学, 2018.

[90] 王玉婧, 刘学敏. 基于碳排放测度视角的我国低碳经济发展政策选择 [J]. 甘肃社会科学, 2015 (01): 215—218.

[91] 蔡博峰, 朱松丽, 于胜民, 董红敏, 张称意, 王长科, 朱建华, 高庆先, 方双喜, 潘学标, 郑循华.《IPCC 2006 年国家温室气体清单指南 2019 修订版》解读 [J]. 环境工程, 2019, 37 (08): 1—11.

[92] 赵荣钦，黄贤金，钟太洋．中国不同产业空间的碳排放强度与碳足迹分析［J］．地理学报，2010，65（09）：1048—1057.

[93] 孙赫，梁红梅，常学礼，崔青春，陶云．中国土地利用碳排放及其空间关联［J］．经济地理，2015，35（03）：154—162.

[94] Cheng Yeqing, Wang Zheye, Ye Xinyue, et al. Spatiotemporal dynamics of carbon intensity from energy consumption in China [J]. Journal of Geographical Sciences, 2014, 24 (4): 631—650.

[95] Fang J Y, Guo Z D, Shilong P, et al. Terrestrial vegetation carbon sinks in China, 1981—2000 [J]. Science in China, 2007, 50 (9): 1341—1350.

[96] 肖皓，杨佳衡，蒋雪梅．最终需求的完全碳排放强度变动及其影响因素分析［J］．中国人口·资源与环境，2014，24（10）：48—56.

[97] 张旺著．北京市碳排放的格局变化与驱动因子研究［M］．北京：新华出版社，2017.

[98] 沈明．土地规划理论实践中发展观的演化与趋势［J］．广东土地科学，2005（03）：7—10.

[99] 洪舒蔓．城镇化背景下黄淮海平原人地关系研究［D］．中国农业大学，2014.

[100] 刘洋．广东省土地利用碳排放与经济增长关系及其影响因素研究［D］．华南理工大学，2017.

[101] 胡国霞．黑龙江省土地利用变化的碳排放效应研究［D］．东北农业大学，2015.

[102] 陈景．石家庄西部太行山区土地利用变化碳排放演变及预测研究［D］．中国地质大学，2015.

[103] 鲍健强，苗阳，陈锋．低碳经济：人类经济发展方式的新变革［J］．中国工业经济，2008（04）：153—160.

[104] Department of Trade, Industry (DTI). Energy white paper: Our energy future – Creating a low carbon economy [J]. 2003.

[105] 范凤岩．北京市碳排放影响因素与减排政策研究［D］．中国地质大学，2016.

[106] 周荣敏，张燕. 能源—经济—环境系统综合发展水平实证研究 [J]. 商业时代，2011 (22)：130—131.

[107] 赵芳. 中国能源—经济—环境 (3E) 协调发展状态的实证研究 [J]. 经济学家，2009 (12)：35—41.

[108] 曹建华，邵帅. 上海低碳经济技术路径设计 [M]. 上海：上海财经大学出版社，2012. 03：99—105.

[109] 帅通，袁雯. 上海市产业结构和能源结构的变动对碳排放的影响及应对策略 [J]. 长江流域资源与环境，2009，18 (10)：885—889.

[110] 朱容. 湖南省工业行业碳排放估算及影响因素研究 [D]. 湖南大学，2011.

[111] 郝千婷，黄明祥，包刚. 碳排放核算方法概述与比较研究 [J]. 中国环境管理，2011 (04)：51—55.

[112] 杨玉含，陈琼，周强，费杜秋. 2001—2008 年青海省产业结构变化与 CO_2 排放 [J]. 能源研究与利用，2010 (03)：20—22.

[113] IPCC. Climate Change. The IPCC Scientific Assessment [R]. Houghton J T, Jenkins G J, Ephraunms JJ, EDS. Cambridge: Cambridge University Press, 1990.

[114] 罗良文，李珊珊. 国际资本流动对我国低碳经济发展影响的实证分析——基于主成分分析法 [J]. 技术经济，2012，31 (06)：95—100 + 106.

[115] 卢嘉慧，陆汝成，陈玥，秦睿，刘蒙蒙. 广西新兴边境城市靖西的土地利用变化与驱动因素 [J]. 广西师范学院学报 (自然科学版)，2019，36 (01)：132—140.

[116] 段向云，张英华. 基于主成分分析的我国物流业低碳化发展路径 [J]. 科技进步与对策，2010，27 (22)：96—99.

[117] 王媛，贾皎皎，赵鹏，程曦，孙韬. LMDI 方法分析结构效应对天津市碳排放的影响及对策 [J]. 天津大学学报 (社会科学版)，2014，16 (06)：509—514.

[118] 邓吉祥，刘晓，王铮. 中国碳排放的区域差异及演变特征分析

与因素分解［J］．自然资源学报，2014，29（02）：189—200.

［119］朱婧，刘学敏，初钊鹏．低碳城市能源需求与碳排放情景分析［J］．中国人口·资源与环境，2015，25（07）：48—55.

［120］于红霞．情景分析在港口发展战略中的应用研究［D］．天津大学，2004.

［121］York R，Rosa E A，Dietz T．STIRPAT，IPAT and ImPACT：analytic tools for unpacking the driving forces of environmental impacts［J］．Ecological Economics，2003，46（3）：351—365.

［122］王长建，汪菲，张虹鸥．新疆能源消费碳排放过程及其影响因素——基于扩展的Kaya恒等式［J］．生态学报，2016，36（08）：2151—2163.

［123］李雪梅，张庆．天津市土地集约利用与产业结构高级化关系探讨［J］．资源开发与市场，2017，33（09）：1058—1062＋1083.

［124］刘汉霖，聂红涛，王雅丽，孙雪，魏皓．基于统计数据的滨海地区污染物入海通量计算方法研究与应用——以天津市为例［J］．海洋环境科学，2019，38（06）：968—976.

［125］王磊，夏敏，赖迪辉．基于土地利用变化的天津市生态系统服务价值响应及驱动因子分析［J］．科技管理研究，2014，34（23）：110—114.

［126］王磊，郭灿，李慧明．天津城市系统碳通量与碳平衡测度研究［J］．干旱区资源与环境，2016，30（11）：30—36.

［127］李春花，曹达镐．对外贸易和经济增长与碳排放关系研究——基于天津市实证分析［J］．生态经济，2014，30（04）：37—41.

［128］武静静，柴立和，赵静静．低碳生态城市发展水平评价的新模型及应用——以天津市为例［J］．环境科学学报，2015，35（05）：1563—1570.

［129］李虹，徐樟丹．基于系统动力的城市工业低碳发展路径研究［J］．科技管理研究，2015，35（08）：227—231＋243.

［130］陈卫东，王军．我国城市碳排放结构及影响因素分析——以天津市和北京市为例［J］．天津大学学报（社会科学版），2015，17（04）：289—295.

[131] 孙钰，李泽涛，姚晓东．天津市构建低碳城市的策略研究——基于碳排放的情景分析 [J]．地域研究与开发，2012，31（06）：115—118.

[132] 苑清敏，李想．天津市产业集聚与碳转移规律研究 [J]．大连理工大学学报（社会科学版），2016，37（03）：48—54.

[133] 赵涛，田莉，许宪硕．天津市工业部门碳排放强度研究：基于 LMDI - Attribution 分析方法 [J]．中国人口·资源与环境，2015，25（07）：40—47.

[134] 中国国家标准化管理委员会．（GB/T 4754—2017）国民经济分类．2017—06—30.

[135] 蔡博峰，朱松丽，于胜民，董红敏，张称意，王长科，朱建华，高庆先，方双喜，潘学标，郑循华．《IPCC 2006 年国家温室气体清单指南 2019 修订版》解读 [J]．环境工程，2019，37（08）：1—11.

[136] 全国信息与文献工作标准化技术委员会出版物格式分委员会．土地利用现状分类：GB/T 21010—2007 [S]．北京：中国标准出版社，2007.

[137] IPCC. 2006IPCC guidelines for national greenhouse gas inventories：volume Ⅱ [ES/OL]．Japan：the Institute for Global Environmental Strategies，2013—06—20.

[138] 安佑志，黎郡英，张凤太．古镇旅游地土地利用格局演变及其驱动力研究——以贵州省青岩古镇为例 [J]．江苏农业科学，2019，47（06）：273—279.

[139] 冉凤维，罗志军，章磊．2000—2015 年南昌市土地利用变化及驱动力分析 [J]．江西农业大学学报，2017，39（04）：834—842.

[140] 林柳璇，尤添革，刘金福，陈远丽，黄嘉航，旷开金，路春燕．1985—2015 年厦门市土地利用变化及驱动力 [J]．福建农林大学学报（自然科学版），2019，48（01）：103—110.

[141] 陈龙，周生路，周兵兵，吕立刚，昌亭．基于主导功能的江苏省土地利用转型特征与驱动力 [J]．经济地理，2015，35（02）：155—162.

[142] 王玲，米文宝，王鑫，陈晓珍．限制开发生态区土地利用变化

驱动力分析——以宁夏西吉县为例 [J]. 干旱区资源与环境, 2019, 33 (01): 51—57.

[143] 韩会然, 杨成凤, 宋金平. 北京市土地利用变化特征及驱动机制 [J]. 经济地理, 2015, 35 (05): 148—154 + 197.

[144] 黄金碧, 黄贤金. 江苏省城市碳排放核算及减排潜力分析 [J]. 生态经济, 2012 (01): 49—53.

[145] 何建坤, 刘滨. 作为温室气体排放衡量指标的碳排放强度分析 [J]. 清华大学学报 (自然科学版), 2004 (06): 740—743.

[146] 杨占红, 裴莹莹, 罗宏, 薛婕. 国际碳排放特征演进及中国应对建议 [J]. 气候变化研究进展, 2016, 12 (03): 185—192.

[147] 黄莉, 李湘东. 两种相似度计算方法对 KNN 分类效果的影响研究 [J]. 情报杂志, 2012, 31 (07): 177—181 + 176.

[148] 何明花, 刘峰贵, 唐仲霞, 周强. 西宁市城市土地集约利用研究 [J]. 干旱区资源与环境, 2014, 28 (03): 44—49.

[149] 吴萍, 吴克宁, 汤怀志. 区域土地利用分区与调控研究——以太原市为例 [J]. 资源与产业, 2011, 13 (01): 6—11.

[150] 姚安坤, 张志强, 郭军庭, 王盛萍. 北京密云水库上游潮河流域土地利用/覆被变化研究 [J]. 水土保持研究, 2013, 20 (02): 53—59.

[151] 陈会广, 夏红, 肖毅, 李炜玮. 基于灰色关联和主成分分析的农村建设用地集约利用评价——以江苏省为例 [J]. 长江流域资源与环境, 2015, 24 (08): 1331—1336.

[152] 董昕灵, 张月友. 中国碳强度变化因素再分解的理论与实证 [J]. 软科学, 2019, 33 (09): 75—80.

[153] Kaya, Y. (1989), Impact of Carbon Dioxide Emission on GNP Growth: Interpretation of Proposed Scenarios, Paris: IPCC Energy and Industry Subgroup, Response Strategies Working Group.

[154] 刘玉珂, 金声甜. 中部六省能源消费碳排放时空演变特征及影响因素 [J]. 经济地理, 2019, 39 (01): 182—191.

[155] 杨武，王贲，项定先，卢腾飞，于洁，孙路石. 武汉市能源消费碳排放因素分解与低碳发展研究 [J]. 中国人口·资源与环境，2018，28 (S1)：13—16.

[156] 刘裕生，陈锦. 北京市碳排放量影响因素分析 (2002—2011) [J]. 人民论坛，2013 (11)：244—245.

[157] 范玲，汪东. 浙江省能源消费碳排放动态特征及影响因素研究 [J]. 生态经济，2014，30 (04)：42—45 +54.

[158] 张巍，尚丽. 陕西省工业碳排放影响因素分析与启示 [J]. 生态经济，2017，33 (05)：80—83.

[159] 李健，王铮，朴胜任. 大型工业城市碳排放影响因素分析及趋势预测——基于 PLS - STIRPAT 模型的实证研究 [J]. 科技管理研究，2016，36 (07)：229—234.